안녕,
지구의
과학

안녕,
지구의
과학

새롭게
다시 읽는
지구과학
교과서

소영무 지음

에이도스

차례

1부 땅과 돌

2부   대기와 바람 그리고 물

3부   하늘과 우주

들어가는 글

세상 사람들 모두 큰 숨을 쉬지 못했던 시간들이 있었다. 그 몇 해 동안은 휴대폰에 담긴 사진이 다른 해에 비해 10분의 1도 되지 않았다. 사람을 만나며 미소 짓기보다는 다른 곳을 바라보게 하는 시간을 보내면서 오히려 하늘과 땅 그리고 바람과 내가 오고 가는 길, 주변 풍경을 더 바라보게 되었다. 그리고, 지구의 과학에 대한 이런저런 생각을 작은 공책에 메모하기 시작했다. 어느 해 봄이었다.

학교에서 과학 수업뿐 아니라 창의성 관련 수업을 할 때면 꼭 빠지지 않고 학생들에게 제시하는 문장이 있다. "발견이란 다른 사람들처럼 같은 것을 보되 조금 다르게 생각하는 데 있다(Discovery consist of looking at the same thing as everyone else and thinking something different)." 크리에이티브싱크의 설립자인 로저 본 외흐가 쓴 『꽉 막힌 한쪽 머리를 후려쳐라』에 나오는 말이다.

이는 과학을 공부하고 사고하는 데도 유효하다. 다르게 생각하는 용기를 가져야만 사고의 확장을 가져올 수 있다. 교과서가 제시한 지구의 과학을 조금 다른 각도로 바라보며 쓴 이 글에서 자연과학과 사람에 관한 이야기가 서로 만나고 이어지기를 기대한다. 돌의 결합 규칙성에서 나눔과 공유를 끄집어내 보기도 하고, 산의 바위가 우리 앞에 오기까지 겪은 힘과 시간을 생각해보았다. 흐르는 물과 바람으로부터 균형과 불균형의 역동성을, 하늘의 천체로부터 보이는 것과 실제 그러한 것의 차이를 읽어보았다. 우주의 거대 구조와 자연의 길, 그리고 인간의 길 혹은 무늬가 서로 연결될 수 있음을 이야기했다.

글을 쓰면서 세상으로 향하지 못하고 안에서 맴돌던 큰 숨이 차츰 책 속 이야기로 하나둘 쌓이면서 숨 쉴 만해졌다. 어쩌면 지구의 과학을 딱딱하게만 배웠던 어른들에게도 오래된 지식이 때론 지금의 삶에 어떤 깨달음과 위로를 줄 수 있을 것이라 생각했는지도 모르겠다. 그렇게 한 편 두 편 글을 완성해가니 겨울이 왔다.

세상으로의 길이 조금씩 다시 열리기 시작했다. 이제는 내면과 주변 풍경을 세상 풍경과 함께 벗하며 걸을 시간들이 올 것이다. 그때 자연과 인간의 세상을 따뜻하게 연결하는 생각의 실마리에 이 글들이 조금이라도 도움이 되었으면 하는 바람이다.

마지막으로 누구보다 내 삶과 함께하는 아내의 응원과 세상을 살아가는 데 든든한 뿌리가 되고 햇살이 되어준 우리 가족에게 고마운 마음 가득하다.

1부

땅과 돌

1
물질의 결합
나눔과 공유

세상의 물질들은 그 생김새부터 특성까지 참 다양하고 넓은 스펙트럼을 지니고 있다. 사람도 마찬가지다. 한국인의 젓가락 잡는 모습을 보면 사람의 지문이 다른 만큼 모두 다르다. 그 다양성이 사람을 키우고 문화를 키우고 세상을 키운 것 아닌가 하는 생각까지 해본다.

숱하게 많은 세상의 돌(암석)과 그 돌(암석)을 구성하는 광물들도 제각각 달라서 광물들이 얼마나 또 어떻게 모이느냐에 따라 다양한 돌(암석)이 만들어진다. 중학교 1학년 교육과정에서는 지각을 이루는 암석과 암석을 이루는 광물을 공부하고 암석을 분류하며, 탐구 활동으로 국가지질공원의 암석을 조사하는 활동이 있다. 고등학교 1학년 통합과학 교육과정에는 더 깊이 들어가 자연의 구성 물질 중 '지각과 생명체 구성 물질의 결합 규칙성'을 다룬다. 지각을 구성하는 물질이라면 암석과 광물일 텐데, 여기에 어떤 규칙성이 존재할까? 새로운 학년으로 올라가면 그 질문도 상당히 어려워진다. 이 질문에 대한 실타래 찾기는 조금 막연하다.

교과서를 본다. 통합과학 교과서의 지각과 생명체를 구성하는 물질 단원의 그림들을 이어서 살펴보고, 본문의 내용을 읽어보니 결합 규칙성에 대한 실마리 문장이 보인다.

> 규산염 광물은 규소와 산소가 결합한 기본 구조인 규산염 사면체로 이루어져 있다. 규산염 사면체는 산소와 규소가 공유결합을 하여 정사면체 모양을 이룬다. 규산염 사면체는 전체적으로 음전하를 띠고 있어 인접해 있는 양이온과 결합하거나 각 사면체의 모든 산소를 다른 규산염 사면체와 공유해 전기적으로 중성이 된다. 이에 따라 그림과 같이 다양한 구조를 이루는 여러 종류의 규산염 광물이 생성된다.

교과서의 이 문장은 지각을 구성하는 대부분의 광물이 규산염 광물인데, 이들의 성질이 다른 까닭은 무엇일까 하는 질문을 던진다. 이 질문에 답하는 것이 본문의 서술 흐름이리라. 먼저 규산염 광물을 정의하고, 규산염 사면체 모양을 그림으로 보여주고 있다. 이 규산염 사면체는 전체적으로 음전하를

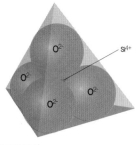

그림 1-1   규산염 사면체의 모형

띠고 있어서 여러 방식의 결합으로 중성이 되려고 한다. 이런 과정의 결과로 다양한 구조를 가지는 광물들이 생성된다고 서술하고 있다.

교과서를 읽는 방법은 글보다는 그림이 효과적이다. 교과서에서는 결합구조를 대표하는 6종류의 규산염 광물 그림이 있고, 그 광물의 결합구조를 그려놓고 있다. 자세히 보면 결합구조는 다르지만 한 가지 공통점이 있다. 바로 규산염 사면체를 구성하는 산소가 다양한 방식으로 공유결합하고 있다는 것이다.

아하! 결합의 규칙성은 광물의 모양과 성질은 다르지만 결합구조를 보면 규산염 사면체의 산소가 어떤 식으로 결합하는가에 따라 다양한 모양의 광물 세상이 펼쳐짐을 알 수 있다.

이온
결합

고등학교 통합과학 교과서의 '물질의 결합 규칙성' 앞 단원에서는 빅뱅우주론에 근거해 원자가 만들어지는 과정과 별의 진화 과정에서 원소의 생성을 서술한다. 그리고 지구와 생명체를 구성하는 원소들은 원자 상태로 존재하는 것이 아니라 화학 결합을 형성하고 있고, 화학 결합에는 크게 두 가지가 있음을 소개한다.

헬륨을 제외한 비활성 기체(주기율표의 18족 원소)는 가장 바깥 전자껍질에 전자 8개가 채워진 안정한 전자 배치를 이루고, 이외의 원소들은 비활성 기체의 전자 배치와 같아지기 위해 화학 결합을 형성한다.

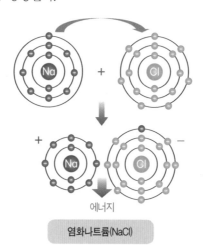

그림 1-2   이온결합 형성 과정(NaCl)

그중 하나가 이온결합이다.

염화나트륨은 바닷물의 염류 중 하나이다. 바닷물을 짜게 하는 대표 주자이다. 나트륨은 가장 바깥 전자껍질의 전자가 1개이다. 가장 바깥 전자껍질의 전자가 8개가 되기 위해서는 다른 원소로부터 7개를 끌어오든지 아니면 자신의 전자 1개를 버리면 된다. 염소 원자는 가장 바깥 전자껍질의 전자가 7개이다. 염소 원자는 7개를 버리기보다 1개를 얻어오는 것이 훨씬 나을 것이다. 만약 나트륨 원자가 사람이라면 어떻게 하는 것이 효율적일까? 당연히 내가 가진 1개를 필요한 다른 이에게 나눠주면 나도 비활성 기체처럼 안정적으로 되고, 필요한 사람이 그 하나를 받아 그도 안정화될 수 있다.

이처럼 이온결합은 나에게 남는 전자를 나눠서 필요한 이에게 주는 것과 같다. 그럼으로써 서로 안정적으로 결합하여 상생하는 것이다. 나눔의 미덕이 자연 세계에 숨어있다.

공유 결합

결합의 다른 하나는 〈그림 1-3〉처럼 일어난다. 수소는 전자껍질의 전자가 하나뿐이다. 수소 기체는 원자 하나로는 존재할 수 없다. 오로지 H_2인 분자로만 존재할 수 있다. 그 이유는 전자가 하나뿐인 수소가 다른 수

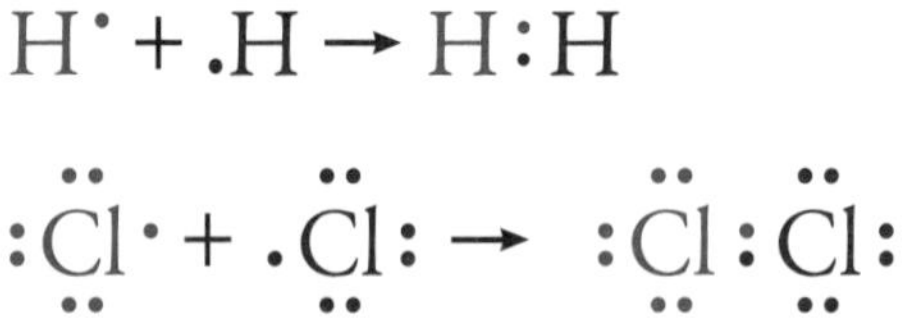

$$H^{\cdot} + {\cdot}H \rightarrow H:H$$

$$:\ddot{C}l^{\cdot} + {\cdot}\ddot{C}l: \rightarrow \ :\ddot{C}l:\ddot{C}l:$$

그림 1-3   여러 가지 공유결합의 예

소로부터 전자 하나를 빼어와 자신만 비활성 기체의 전자 배치를 가질 수는 없기 때문이다. 그리하여 수소는 생각한다. 내가 줄 수도 없고, 다른 수소로부터 가져올 수도 없으니 내가 가진 전자 하나와 다른 수소가 가진 전자를 서로 같이 공유하자. 그러면 우리 둘이 결합해 함께 안정한 기체의 전자 배치를 가진다.

염소 기체도 마찬가지다. 가장 바깥 전자껍질의 전자가 7개라서 전자 1개만 더 가지면 되는데 다른 염소로부터 전자를 가져올 수 없으니 각자 1개의 전자를 공유해서 함께 가자는 전략을 쓴다. 그리하여 각 원소는 원자가 아닌 분자로 세상에 존재한다. 안정적인 기체로서⋯. 수소와 염소가 만나도 수소의 전자 1개와 염소의 전자 1개를 공유해 HCl로 세상에 존재한다.

내가 가진 것을 공유함으로써 안정적인 화합물을 형성해 상생한다. 이처럼 결합이란 나눔과 공유를 통해 일어난다. 이는 자연 세계에만 국한된 것이 아니리라.

결합의
규칙

다시 교과서로 돌아가 결합의 규칙성을 찾아보자. 규산염 사면체는 규소(Si) 1개와 산소(O) 4개가 결합한 것이다. 규소의 전하는 Si^{4+}이고, 산소의 전하는 O^{2-}이므로 규산염 사면체는 전체적으로 음전하(SiO_4^{4-})를 띠고 있어 인접한 양이온과 결합하거나 다른 규산염 사면체의 산소를 공유하여 전기적으로 중성이 되고자 한다.

첫 번째 방법은 '인접해 있는 양이온과 결합'하는 방식이다.

예를 들어보자. 순수한 SiO_2로 이루어진 석영은 무색투명하다. 하지만, 소량의 철(Fe^{2+})이 포함되면 보라색인 자수정이 된다. 무색투명한 광물에서 자색을 띠는 보석 같은 수정으로의 탈바꿈. 아름답고 놀랍지 않은가?

그림 1-4　　　석영(왼쪽)과 자수정(오른쪽)

흔히 과학적으로 이 과정을 단일에 들어온 불순물이라 하지만 철이온이 단지 불순물일까? 아니다. 이는 외부의 전자를 나누는 이온결합을 통해 원래의 모습과 성질보다 더 다양해진 것이다. 세상과 주고받는 나눔의 과정에서 고립되지 않고 다양한 경쟁력을 가지는 것은 사람이 사는 세상이나 자연의 세상이나 매한가지이다.

두 번째 방법은 '규산염 사면체의 산소를 다른 규산염 사면체와 공유'하는 방식이다 교과서에 실린 그림에는 다양한 광물이 있고, 그 광물의 결합구조 또한 다양하다. 그런데 자세히 바라보면 모두 하나의 모양에서 독립적으로 혹은 한 줄, 두 줄 등으로 이어지고 있다. 독립 구조가 아닌 구조들에서 공통적으로 보이는 것이 있다. 바로 하나의 규산염 사면체가 산소를 다른 규산염 사면체와 공유하고 있다는 점이다(〈그림 1-5〉 참조).

그렇다면 이제 알 수 있겠다. 규산염 광물에서 발견되는 결합 규칙성은 바로 산소를 다른 규산염 사면체와 공유결합하는 방식에 있었다. 공유결합을 통해 다양한 결합구조가 만들어지고 이런 결합의 결과로 다양한 광물이 만들어진다. 이를 읽어낼 수도 있다면 결합구조와 패턴을 조작해 새로운 물질도 만들어낼 수도 있겠다.

교과서 내용이 어렵고 난해할지 몰라도 한 가지는 알 수 있다. 자연 세계에 존재하는 다양한 형태는 기본적으로 나눔

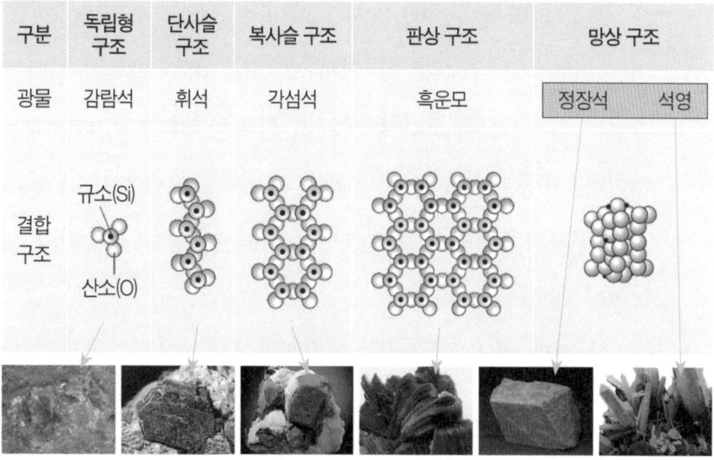

구분	독립형 구조	단사슬 구조	복사슬 구조	판상 구조	망상 구조
광물	감람석	휘석	각섬석	흑운모	정장석　　　석영
결합 구조	규소(Si) 산소(O)				

그림 1-5　　　주요 규산염광물의 결합구조. 사진 출처 : 한국광해광업공단

(이온결합)과 공유(공유결합)에서 출발한다. 비단 자연 세계뿐 아니라 이 원리는 인간 세상에도 그대로 적용되지 않을까? 나눔과 공유가 사람 사는 세상을 더 다양하게 하고 서로 함께 살아가는 상생의 출발이고 그 모든 것일 테니 말이다.

2

작으나 위대한 존재

모래

"왜 나는 조그마한 일에만 분개하는가 / … / 모래야 나는 얼마큼 적으냐 / 바람아 먼지야 풀아 나는 얼마큼 적으냐 / 정말 얼마큼 적으냐." 김수영의 시다.

대학 시절부터 좋아했던 김수영의 시를 펼쳐보는 이유는 돌, 암석에 관한 수업을 할 때 꼭 이 시 〈어느 날 고궁(古宮)을 나오면서〉로 첫 페이지를 열기 때문이다. 일명 돌이 들려주는 이야기다.

놀랍고 또 거대한 바위와 지층들을 보면서 우리는 '그 가장 나중은 어떤 모습일까'라는 질문을 던진다. 그 가장 나중은 모래일 것이다. 시에서는 모래가 작고 보잘것없다고 말하지만, 자연에서의 모래는 어떤 존재일까로 생각을 열고 돌에 대한 이야기를 시작하려는 의도이다.

먼저 모래가 어떻게 우리에게 다가왔을까를 생각한다. 모래로 가득한 곳, 사막을 떠올린다. 예전 중국 북경한국국제학교에서 근무할 때 중국 신장위구르자치구로 여행을 간 적이 있다. 신장(新疆)은 새롭게 넓힌 땅이라는 뜻이다.

버스 창밖으로 커다랗고 거대한 바위산 아래로 이국적이면서도 메마른 초원이 펼쳐진다. 바위에서 풍화되고 작아진 흙 위로 자란 풀을 뜯어 먹는 양 떼와 이들의 길잡이인 양치기를 스쳐 지나고, 이 흙으로 토성을 쌓아 나라와 공동체를 지킨 유적을 만난다. 그 돌길 사이로 사람과 문물이 오고 간다. 이 길을 이어가다 사막을 만났다. 사막으로 가는 길은 하늘이 참으로 파랬다.

다시 생각해보자. 모래는 거대한 바위 암석이 깎이고 부서지는 풍화에 가장 마지막까지 버티고 남은 것이다. 그런 의미에서 모래는 작지만 강한 존재이다.

모래를 구성하는 주된 광물, 석영

흔히 암석과 그 암석을 이루는 광물을 구분할 때, 암석을 오곡밥에 비유한다면, 광물은 오곡밥을 구성하는 쌀·보리·조·콩·기장 등의 곡식이라 할 수 있다.

그림 2-1   신장위구르자치구 토성

안녕, 지구의 과학

그렇다면 커다란 바위가 부서지고 마지막까지 남은 작은 암석인 모래를 구성하는 주된 광물은 무엇일까. 바로 석영이다.

석영은 지각에서 가장 많은 규소와 산소의 결합으로 이루어진 규산염 광물 중 하나이다. 모래와 석영을 백과사전에서 찾으면 이렇게 기술하고 있다.

> 모래에서 일반적으로 가장 많은 성분은 이산화규소(SiO_2)로, 모래에 석영 형태로 포함되어 있다. 석영(石英)은 대륙지각에 풍부한 광물이다. 수정이라고도 부르며, 육방정계의 결정형을 가지고 망상형 이산화규소로 이루어져 있다.

석영의 결합구조는 흔히 그물 사슬 구조인 망상 구조(network structure)라 한다. 그물처럼 촘촘하게 규소 1개와 산소 2개가 결합하고 있는 형태가 바로 망상 구조이다. 그래서 다른 광물보다 풍화와 침식에 강하고 마지막까지 그 결합을 유지한다. 암석이 풍화·침식을 받으면서 숱하게 많은 광물이 떨어져 나가도 마지막까지 석영만은 남아 모래를 이룬다.

모래는 일상생활에서 시멘트와 건물을 지을 때 없어서는 안 되는 재료이며, 유리를 만들 때나 금속이나 목재, 광석을 연마하는 등 그 쓰임새가 참으로 다양하다. 그중 모래를 구성하는 이산화규소는 실리카라고 한다. 실리콘밸리에서의 그 실리카다. 최첨단 기술의 메카에 규소의 영어식 이름인 실리콘

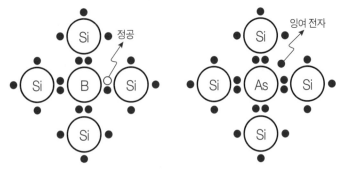

그림 2-2   P형 반도체와 N형 반도체의 원소와 원자가 전자의 배열 모식도

을 대표 이름으로 넣고 있다. 규소가 핵심인 것이다.

　규소는 주기율표상의 14족 원소로 반도체를 만드는 핵심 소재이다. 규소는 최외각 전자가 4개인데, 이 규소에 13족 원소인 B(붕소)를 대신 집어넣으면(도핑) 전자가 하나 비어 있어 상대적으로 양의 성질이 있는 정공*을 가지는 P형 반도체가 만들어진다. 만약 규소에 15족 원소인 As(비소)를 집어넣으면(도핑) 전자가 하나 남게 되어 음의 성질을 가지는 N형 반도체가 된다. 이 둘을 (+)극에는 P형 반도체를, (-)극에는 N형 반도체를 연결하면 전자가 이동하여 불이 들어온다. 이렇게 반도체의 전자 흐름을 제어하여 휴대폰이나 컴퓨터 등 많은 첨단 제품에 사용한다. 그 반도체의 핵심 원리에 14족 원소인 규소가

●●
●　원자들의 결합으로 분자가 만들어지고 이 분자들로 물질이 구성되는데, 분자 내에는 전자들이 차지할 수 있는 자리가 생긴다. 이 전자들이 차지할 수 있는 자리에 전자들이 없을 경우 이를 정공, 양공, 홀이라 일컬으며 주로 전기 흐름에서 (+)전하의 운송자로 사용된다.

결정적인 역할을 한다.

작고도 작은 모래가 그토록 오래 살아남는다는 것 그리고 모래의 다양한 쓰임새가 실로 놀랍다. 모래를 이루는 석영이라는 광물을 구성하는 규소가 최첨단 분야에 핵심 역할을 하고 있다는 사실도 놀랍다.

모래의
또 다른 위대함

다시 사막에서의 모래 풍경을 떠올린다. 신장위구르자치구의 한가운데는 타클라마칸 사막이 있다. 타클라마칸은 위구르어로 '들어가면 나올 수 없다'는 뜻이라 한다. 그럴 만도 하다. 사막의 길이가 대략 1000㎞로 우리 한반도의 길이와 맞먹는다.

타클라마칸 사막을 가로지르며 펼쳐지는 풍경에서 눈길을 끄는 장면이 있다. 자세히 보니 버스와 트럭이 지나는 이 길은 사막 한가운데를 1000km나 뚫고 지나가고 있었다!

바람에 움직이는 타클라마칸 사막에서 길이 모래에 덮이지 않게 하는 방법은 단 하나. 아스팔트로 만든 길 양쪽으로 물을 뿌리고 풀과 나무가 자라게 하여 길이 묻히지 않게 하는 것이다. 사막을 가로지르는 도로 양쪽으로 풀과 나무가 이어진 풍경을 본다. 중국이 이렇게 사막에 길을 만든 이유가 참

그림 2-3   타클라마칸 사막. 저 멀리 유전이 보인다.

안녕, 지구의 과학

으로 궁금했다. 끝없이 펼쳐진 사막의 지평선 끝을 보니 하늘과 맞닿은 곳에 뾰족한 시설이 있다. 바로 석유를 채취하는 유전이다! 사막에 있는 유전. 석유는 지질 시대의 바다 생명체가 퇴적되어 형성되었는데 그 먼 옛날, 이 사막도 바다 밑에 있었다. 그리고 오랜 시간이 흐르면서 육지로 올라와 사막으로 존재하고 있다. 그 사막의 한가운데 석유가 매장되어 있다. 길을 내는 이유가 여기에 있었다. 모래로 덮인 사막은 석유를 담고 있었다. 모래의 또 다른 위대함이다.

지질학을 시작할 때 돌과 관련한 이야기를 펼쳐놓는 것은 이와 같은 모래에 관한 이야기를 통해 지각의 물질과 지질학적 내용이 우리 삶과 연결되고 확장될 수 있음을 안내하고 싶어서이다. 어떻게 바라보는가에 따라 각기 다른 모습으로 다가오는 것이 또한 세상의 이야기이다. 모래 하나에도 많은 이야기가 있다. 모래를 작고도 작은 것으로 표현하기도 하지만, 자연에서는 참으로 강하고 위대한 것이 모래다.

3

1억 년의 시간

북한산

2009 개정교육과정부터 지구과학1 교과서에는 눈에 띄는 새로운 내용이 들어 있었다. '아름다운 한반도.'

그 이전까지 교과서에서 다루는 내용은 암석의 종류와 특성을 화성암, 퇴적암, 변성암으로 분류해 설명하는 것에 그쳤다. 당연히 이들 암석으로 이루어진 지질 명소를 찾아보고 알아보자는 내용은 드물었다. 교과서에서 배운 지질학적 내용을 토대로 우리가 사는 지역 주변에서 이런 지질학적 지형과 명소를 찾아보자는 것은 생소하였지만 상당히 흥미롭고 학생의 호기심을 불러일으킨다. 또한, 교과서를 읽고 배우는 학생과 함께 학교 주변 지역에 있는 아름다운 한반도의 지질 명소를 찾아보고, 이런 명소가 어떤 지질학적 과정을 통해 형성되었는지를 아는 것은 교육적으로도 심미적으로도 그리고 환경과 경제적 측면에서도 의미가 있다.

주상절리, 판상절리

내가 근무하는 곳은 북한산자락 아래에 있다. 그래서 북한산을 더 눈여겨보게 된다. 교과서는 정제된 문장으로 마그마가 만든 암석과 지형에 대해 이렇게 서술하고 있다.

> 한반도의 빼어난 지형을 이루는 암석의 약 30퍼센트는 지구 내부의 마그마가 식어서 굳어진 화성암이다. 화성암은 크게 마그마가 지표 가까운 곳에서 식어 굳어진 화산암과 지하 깊은 곳에서 서서히 굳어진 심성암 등으로 나눌 수 있다.

아울러 화산암과 심성암의 대표적인 지형으로 현무암의 한탄강과 제주도, 화강암의 북한산 등을 제시하며 그런 지형에서 나타나는 대표적인 지질 구조인 주상절리와 판상절리에 대해서도 설명한다.

절리를 관찰하면 이 땅이 혹은 이 산이 어떻게 여기에 이렇게 나타나게 되었는지를 잘 알 수 있다. 일반적으로 절리는 암석에 외력이 가해져서 생긴 금 혹은 틈을 말한다. 이런 절리가 기둥 모양으로 생기면 주상절리(柱狀節理)라 하는데, 이는 지표를 흐르던 뜨거운 용암이나 갓 퇴적된 뜨거운 화산재 등이 급격하게 식으면서 만들어지는 균열이다. 제주도와 한탄강의 주상절리가 대표적이다.

한편, 절리가 판자 모양으로 생기면 판상절리(板狀節理)라 하는데, 지표면이 지속적인 침식작용을 받거나 지각변동으로 상부의 누르는 압력이 감소하면 제빵과정에서 빵이 부풀어 오르면서 껍질이 떨어져나가는 것처럼 균열이 나타나는 절리이다. 북한산을 비롯해 우리나라의 웬만한 화강암 산에서 판상절리를 관찰할 수 있다.

이런 식으로 학습하는 것이 기존 교과서의 내용이었다. 일반화된 지식을 습득하는 과정임에는 분명한데, 체감으로 다가오지 못하는 것이 아쉽다. 그런데, 새롭게 개정된 교과서에서는 우리 주변 지역에서 실제 이런 지형들을 찾아보고, 지질학적 형성 과정을 그림으로 제시하며 이해하게 하는 과정을 추가하였다.

1억 년의
시간

마그마에 의해 형성된 지질 명소

안녕, 지구의 과학

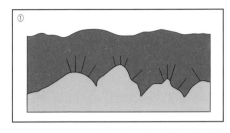

① 쥐라기 중기(약 1억 6000만 년 전)에 선캄브리아시대의 변성 퇴적암을 화강암질 마그마가 지하 약 10킬로미터 깊이에 관입함.

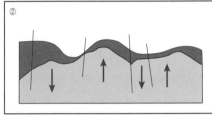

② 쥐라기·백악기 사이(약 1억 6000만~6000만 년 전)에 단층 활동이 일어남. 단층선을 따라 침식이 심화됨.

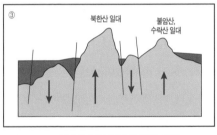

북한산 일대

불암산, 수락산 일대

③ 북한산·불암산에 돔이 형성됨

그림 3-1   북한산과 불암산이 형성되는 과정

의 생성 과정을 나타내는 그림 하나로 참 많은 것을 설명하고 또 생각하게 한다(〈그림 3-1〉 참조).

북한산의 형성 과정을 자세히 들여다본다.

현재 북한산을 이루는 화강암은 그 옛날 중생대 쥐라기, 그것도 약 1억6000만 년 전에 기반암을 뚫고 지하 약 10㎞ 지점까지 관입하여 형성되었다고 한다. 그리고 지구 내부의 여러 힘과 지각 변동에 의해 화강암을 덮고 있던 지표의 암석이 풍화·침식되어 없어지고, 그로 인해 누르던 압력이 줄어들어 화강암이 융기하여 지금의 북한산, 불암산 일대를 이루고 있다.

지하 약 10㎞ 지점까지 형성된 화강암이 융기하여 지금의 북한산 화강암을 이루었다고? 그 시간과 힘을 조금 더 구체적으로 접근해보자.

일반적으로 지하로 3~4m 내려갈수록 압력은 1씩 증가한다. 북한산 화강암이 지하로 10㎞ 지점까지 관입하였다면 이 지점에서의 화강암은 약 3000기압 정도를 받고 있었다. 이 정도의 기압이라면 어느 정도일까?

바다 밑을 예로 들어보자. 보통 수심이 10m 깊어질 때마다 수압이 1기압씩 증가하므로 사람이 20m보다 깊은 수심에서 급하게 잠수하게 되면 질소가 혈액으로 용출되는 잠수병이 발생해 치명적인 부상을 입을 수 있다. 심해 탐사를 목적으로 한 탐사선은 이보다 훨씬 깊은 약 7,000m까지 잠수가 가능하다. 2019년에는 티타늄 소재 잠수정을 이용하여 수심 10,928m까지 들어갔는데, 이 깊이가 현재까지 가장 깊이 들어간 기록이다. 수심 10,000m 바다 속에 들어가려면 1,000기압을 견뎌야 한다. 1,000기압이면 손톱만 한 면적에 승용차 한 대 무게가 내리누르는 압력과 비슷하다. 엄청난 힘을 받는 것이다.

그런데, 북한산의 화강암은 수심 10,000m보다 더 큰 압력인 3000기압을 받고 있었다! 그 엄청난 힘을 버티고 있었던

안녕, 지구의 과학

것이다. 그리고 비바람이 불어 지표를 덮고 있던 암석이 풍화·침식작용에 의해 깎여 나간다. 1년에 약 0.1mm 정도로 깎여 나갔다면 누르는 힘이 감소한 그만큼의 높이 0.1mm씩 지표 아래의 암석은 융기한다고 가정하자. 그렇다면 지하 10km의 북한산 화강암이 지표까지 올라오는 데 걸리는 시간은 얼마일까? 간단한 비례식으로 유추해본다.

0.1mm : 1(년)=10km : x(년) (1km=10^{6}mm이므로)

구하고자 하는 시간 x는 약 1억 년

10km 깊이에 있던 화강암이 융기하여 지금의 북한산을 만드는 데 걸린 시간이 약 1억 년이었다. 융기하는 동안 심성암

그림 3-2   북한산 판상절리

인 화강암이 받았던 압력도 줄어들었을 것이다. 그 줄어드는 압력으로 인해 딱딱하기만 한 암석도 빵이 부풀어 오르는 것처럼 조금씩 부풀어 올라 판때기 모양으로 떨어져 나간다. 즉, 판상절리가 관찰될 수 있는 것이다.

북한산의 아름답고 장엄한 풍경을 이루는 암석이 우리에게 다가오는 데까지 걸린 시간이 최소 1억 년이다. 그 시간 동안 그를 누르던 엄청난 압력을 지우고 덜고 해서 지금 우리의 발길과 손길을 허락하고 맞이해준다. 북한산 아래에 사는 학교의 아이들에게 이제 북한산의 돌을 만나면 '어르신, 안녕하세요'라고 인사하자 말해도 되겠다. 1억 년의 시간을 기다려 만났다. 어르신을 만났다.

북한산의
무늬

산의 모양이 사람에게 주는 영향일지 모르지만, 북한산을 바라보며 출근하는 나에게 산은 또 다른 의미 전달자로 다가온다.

어느 출근길, 맑은 날 아침. 북한산의 백운대, 인수봉, 만경대가 보였다. 처음에는 세 봉우리의 모습이 사진작가 카파의 〈어느 병사의 죽음〉을 떠올리게 했다. 하지만, 또 어느 날에는 세 봉우리가 어울린 모습이 삶과 자연의 이치를 깨치려

안녕, 지구의 과학

고 고행하는 수행자처럼 보이기도 했다. 참으로 다양한 모습으로 다가오는 산의 모습이다. 그런데 더 놀라운 건 학교가 있는 북한산 자락 가까이 오니 앞 산의 능선이 누워있는 부처의 형상으로 다가왔다.

마치 나에게 '이런저런 고행의 여정, 그 경험과 시간을 잘 다독거리려무나. 배우고 깨우치고, 비울 거 비워버리고…'라고 말하는 듯이 다가왔다.

나름 치열하게 부딪히고 밀고 나가는 세상살이 중 어느 출근길에서 북한산 능선이 보여준 풍경. 왠지 고마웠다. 그때가 아마 부처님 오신 날이 다가오던 때였으리라.

그 후로 북한산의 세 봉우리를 보면 카파의 사진보다는 고행하는 수행자의 모습이 겹쳐진다. 그 무엇이든 간에 모든 것은 바라보는 이의 마음과 시선의 방향이겠다.

때론 이리저리 복잡하게 얽히는 땅과 사람의 세상에서 살짝 벗어나 산에 올라가 다시 땅과 사람의 세상을 보면, 그 세상이 작고 작았다. 산에서 건너편 산을 바라보니 깨닫게 되는 한 가지. 사람이 사는 마을도 산에 안겨 있다. 인간이 산을 품은 게 아니고 산이 인간을 품어준 것이다! 북한산을 바라보면 그런 이치를 알 수 있다.

산은 계절을 따라 다른 모습으로 우리를 맞이해준다. 따뜻한 봄날은 포근하게, 더운 여름은 녹음 우거진 시원함으로, 따가우면서도 쌀쌀해지는 가을에는 지겹지 않을 알록달록함으로, 차고 건조한 겨울에는 눈부시게 하얀 은빛으로 물들며 우리를 바라보고 다독거리며 감싸주고 있다.

안녕, 지구의 과학

4

가장 오래된 돌과의 대화

변성암

교과서 '아름다운 한반도' 단원 중 이번에는 열과 압력이 만든 암석과 지형을 펼쳐본다. 변성암 지형 이야기다.

첫 페이지에는 한반도에서 가장 오래된 대이작도의 암석 지형을, 그다음 페이지에는 고군산반도의 습곡 지형을 제시하고 있다. 휘어지고 굽은 것 그러다 다시 녹아 굳어져 드러난 지형의 그림만 보더라도 이 지형에 작용했던 지구 내부의 거대한 힘을 느끼기에 충분하다. 교과서의 설명을 읽어본다.

대이작도의 암석을 자세히 살펴보면, 검은 띠의 윤곽이 흐릿하거나 줄무늬의 폭이 들쭉날쭉하고 심지어 줄무늬가 중간중간에 끊긴 모습도 나타난다. 고온 상태에서 녹은 초콜릿처럼 걸쭉하게 된 암석의 성분이 분리되고 늘어나거나 끊기는 변형을 받은 것이다. 이 과정에서 기존 암석은 변성암으로 재탄생하고, 습곡과 단층 지형이 나타나기도 한다.

그냥 평범하게 보면 기존의 암석이 땅속 깊숙한 곳에서 높은 온도와 압력을 받아 구성 광물과 조직이 변형되었고, 밝은 광물과 어두운 광물이 분리되어 줄무늬가 나타났다. 그리고 지구 내부의 힘을 받아 지층이 휘어지거나 끊어진 지형이 나타났다라고만 읽힌다. 하지만, 이 과정에서 변성이 더욱 진행되어 옅은 부분이 녹아 마그마를 형성해 변성암과 화성암이 섞인 암석이 되었다. 변성암과 화성암이 섞인 암석은 흔히 볼 수 없는 암석이다.

이런 암석을 혼성암(混成岩)이라고 한다. 풀어서 이야기하면 '섞여서 형성된 돌'이란 뜻이다. 영어로 혼성암을 뜻하는 미그마타이트(Migmatite)는 '뒤섞인'을 뜻하는 그리스어 미그마(migma)에서 유래했다.

거대한
뿌리

한반도 최고령 암석이 형성되는 과정을 머릿속으로 그려본다. 기존의 암석(기반암)이 변성작용을 받았고, 이 과정에서 옅은 부분은 다시 녹아 마그마를 형성하였다. 그러면서 줄무늬가 들쭉날쭉한 모습을 보이기도 하고, 끊기기도 하다가 색깔도 달라졌다. 엄청난 지구 내부의 힘을 받으면서 자신의 무늬가 새롭게 새겨졌다. 이 힘은 대이작도가 바다 위에 있는 지금이 아니라 아주 먼 옛날 지하 깊은 곳에 있으면서 받았을 것이다. 대이작도의 혼성암은 약 25억 년의 세월을 지나면서 융기해 우리 앞에 나타났다. 조금 더 정확히 말하자면 지하 15~20㎞ 깊이(약 4,000~6,000기압의 압력)의 고온(700~750℃)에서 생성된 후 오랜 시간에 걸쳐서 그 모습을 보여준 것이다.

교과서를 분석하고 학생들과 함께 오랜 시간의 흐름과 그 과정에서의 힘에 대해 생각하는 활동을 하고 싶었다. 그래서 생각해냈던 게 대이작도의 사진에 말풍선 넣기 활동이었다.

먼저 내가 한반도에서 가장 오래된 암석에게 말을 걸어보았다.

그 말에 오래된 돌이 우리에게 말을 건넨다.

사실 지구의 힘과 그 힘을 온전히 받고 지나온 흔적을 무늬로 간직한 돌과의 대화에 어떤 얘기를 담을까 하다가 고목을 떠올렸고 벗을 떠올리기도 하였다. 그런 생각을 하면서 학교 본관 뒤쪽 작은 땅에 일 년에 한 그루씩 심은 나무들을 바라보았다.

이 단원을 수업할 때는 춘사월. 하얀 벚꽃이 피었다 지고, 복사꽃이 피었다 졌다. 심은 지 20년이 더 된 쌍겹벚나무의 소담한 연분홍 꽃잎이 바람에 살랑거리며 춤추고 있었다.

창밖으로 바라본 교사 뒤편의 좁은 땅은 계단을 축으로 양쪽으로 나뉘어 있다. 왼편으로는 심은 지 몇 년 안 된 복숭아나무 벗들이 있다. 복사꽃 예쁘게 피었던 나무에 꽃이 지고 열매를 맺을 준비를 하고 있다. 오른편으로는 십 년도 더 된 나무 벗들이 있다. 왕벚꽃 피었다 지고 나니 그 옆의 쌍겹벚

안녕, 지구의 과학

꽃이 한창이다. 사과나무, 보리수나무도 꽃잎을 내밀 준비를 하는 춘사월 풍경을 그린다.

화무십일홍(花無十日紅). 열흘 붉은 꽃은 없다는 말이다. 그래서 허무하다는 뜻일까? 어쩌면 이 말은 자연의 순리를 말한 게 아닐까. 돌을 보고 나무와 꽃을 다시 보니 자연의 순리는 꽃이 피고 져야만 그 자리에 열매가 맺히기 마련임을 알게 된다. 오래된 돌은 또 얼마나 많은 생명의 열매가 되어주었을까.

한반도에서 가장 오래된 돌을 보며 '오래됨'에 대해서도 생각해본다. 오래됨으로써 은은하게 빛나고 향기로운 것 중 하나는 무엇일까 궁금해 하다가 벗을 떠올린다. 책을 뜻하는 한자 冊(책)과 벗을 뜻하는 한자 朋(붕), 그 모두 새의 좌우 날개를 연상시킨다. 세상의 벗은 좌우의 날개처럼 함께 가는 길 친구이지 않을까. 오래된 돌이 겪어왔던 그 세월의 깊이를 헤아려 보다가 외롭지는 않았길 바라는 마음이 벗을 떠올리게도 하였다.

우리 학생들은 오래된 돌을 보며 어떤 이야기를 건네고 듣게 될까?

5

두 다리 사이로 20억 년

지층의 부정합

2009 개정 교육과정부터 지구과학 I 교과서는 학생들의 자기 주도적인 탐구 활동이 많이 들어가 있다. 그중 우리나라의 대표적인 지질 명소를 답사해 보고서를 작성해보는 프로젝트 탐구 활동이 있다. 이는 직접 탐방이든 간접 탐방이든 우리가 살고있는 지역, 더 나아가 우리나라에서 가치 있는 지질 명소를 찾아보고, 그 지질학적 형성과정뿐 아니라 그와 같은 지형이 우리 인간의 삶과 어떤 영향을 주고받는지를 폭넓게 이해하고 알아가는 활동이다. 교과서에서 배울 내용을 교사로서 두루두루 답사하고 현장감 있게 수업을 준비하는 것도 필요하다. 지구과학 교사 선후배가 만나 고생대 표준 화석인 삼엽충을 찾아보고, 선캄브리아 시대와 고생대 초기 사이의 20억 년

안녕, 지구의 과학

이라는 시간을 건너뛰는 부정합 지층을 찾으러 간 것은 그런 이유에서였다. 이번에는 쌓이고 쌓여 형성된 퇴적암 지형인 태백으로 갔다.

5억 년 전의
세계

태백으로 가면 5억 년 전 고생대의 신비를 간직한 구문소가 있다. 구문소(求門沼)는 구무소의 한자 표기인데, 구무는 '구멍, 굴'의 옛날 말로 뜻을 풀면 굴이 있는 연못이라는 의미이다. 수억 년 전에 만들어진 석회암이 분포하는 이곳은 우리나라에서 유일하게 산을 뚫고 가로지르는 강을 볼 수 있는 곳이다. 물이 바위를 뚫고 지나갔다. 어떻게 그럴 수 있을까?

문화재청의 설명을 따라가보자. 구문소는 황지천 하구의 물길 가운데 있다. 현재의 황지천은 하식동굴과 구문소를 지나 흐르면서 철암천과 합류하여 낙동강으로 이어지고 있다. 하지만 과거 동굴이 뚫리기 이전의 황지천은 동굴의 남서쪽을 크게 휘돌아 곡류하였으며, 동굴이 뚫림으로 인하여 오늘과 같이 흐르게 되었다 한다.

석회암은 바다에서 생성된다. 생성 과정은 이렇다. 대기 중 이산화탄소는 바닷물에 녹는다. 바닷물에 이산화탄소가 녹

그림 5-1   석회암으로 형성된 태백 구문소

안녕, 지구의 과학

으면 탄산 이온 등이 되고, 해양 생물은 이를 화합물로 전환하여 골격 등을 형성한다. 또한 탄산 이온은 칼슘 이온과 결합하여 탄산염의 형태로 해저에 퇴적되고, 오랜 기간이 지난 후 석회암의 형태로 지권에 존재하게 된다. 말하자면 석회암은 $CaCO_3$라는 탄산염 광물로 이루어진 암석으로, 자세히 보면 바다의 색을 머금고 있다. 이 석회암은 약산성을 띠는 빗물이나 강물에 의해 다시 녹기도 한다. 보통 석회암에 묽은 염산을 떨어뜨리는 실험은 이런 과정을 확인하는 것이다. 반응 과정을 화학식으로 나타내면 다음과 같다.

$$CaCO_3 + 2HCl \rightarrow CaCl_2 + H_2O + CO_2$$

즉, 석회암에 묽은 염산을 가하면 표면에 물과 함께 거품이 일어나며 녹는다. 염산 수용액이 아니더라도 빗물이나 약산성의 강물에 의해 석회암이 녹는 것이다.

5억 년 전 고생대에 형성된 태백의 석회암 지층은 육지를 가르는 물줄기에 의해 뚫렸다. 오랜 시간을 흐르고 흐른 물이 바위를 뚫고 지나갔다! 그런데, 석회암은 바다 밑에서만 형성되는데 태백이 있는 태백산 분지˙˙는 현재 육지의 산악 지형이다. 현재의 태백과 영월 등의 지역은 육지이지만 과거에는 바

˙˙
● 태백산 분지는 주로 고생대층이 분포하는 지역으로 강원도 남부와 충청북도 북동부 그리고 경상북도 북부 지역을 아우른다.

그림 5-2　고생대 약 5억 년 전의 대륙 분포　출처: 최덕근, 『한반도는 살아있다』, 〈한겨레〉

다였다는 의미이다.

지구과학자는 땅의 움직임을 고지자기를 통해 알아내고 있다. 고지자기는 지질 시대에 생성된 암석에 분포하고 있는 잔류 자기*를 말한다. 지질 시대의 암석에 기록된 고지자기의 복각**을 측정하면 지리상 북극과 얼마나 떨어져 있는지를 알 수 있다.

이 방법으로 밝힌 고생대 초기 태백산 분지의 위치는 적도 근처의 바다였다. 그 바다 밑을 과학자들은 화석 연구를 통해 그려낸다. 고생대는 약 5억4천만 전부터 약 2억5천만 년

••
* 고온의 마그마가 지표의 약한 부분을 뚫고 나와 냉각될 때 온도가 퀴리 온도 이하로 내려가면 암석을 이루는 자성 광물은 그 당시의 지구 자기장의 방향으로 자화되는데, 이를 자연 잔류 자기라고 한다. 퀴리 온도는 물질이 자성을 잃는 온도이다. 용암이 굳어질 때 그 온도가 퀴리 온도 이하로 내려가면, 이때 정출된 자철석과 같은 강자성 광물은 그 당시의 지구 자기장의 방향으로 자화된다. 일반적으로 자철석의 퀴리 온도는 575℃인데, 이보다 낮은 온도에서는 자화된다.

•• 복각은 나침반의 자침이 수평면과 이루는 각을 말한다.

　　　　　　　　　　　　　　　안녕, 지구의 과학

까지 이어졌다. 이 고생대를 살았던 생물 화석 중 가장 대표적인 표준 화석이 삼엽충이다. 이런 이유로 태백 구문소 주변의 바위를 둘러보면 지금도 삼엽충 화석이 무더기로 발견된다.

삼엽충이라는 이름이 붙은 것은 머리, 가슴, 꼬리의 세 부분으로 나뉘는 겉모습에 기인한 것이 아니라 세로로 보았을 때 좌측, 중앙, 그리고 우측의 세 부분으로 뚜렷이 구분되기 때문이다. 삼엽충은 바다생물이며, 편평한 형태를 취하고 있다. 여기서 나는 아이의 눈높이에서 질문을 던진다. 화석으로 남은 삼엽충은 딱딱한 외골격 부분으로 그 속의 부드러운 부분의 구조와 특징은 알아내기 힘들다. 이 경우 과학자들은 어떤 방법으로 삼엽충의 부드러운 부분이나 생태를 알아낼까?

답은 삼엽충과 비슷하게 생긴 현생 유사 생물을 비교하는 것이다. 과학자들은 살아있는 화석이라 불리는 투구게가 삼엽충과 매우 가까운 종일 것으로 추정하고 있다. 투구게는 수심 25미터 정도의 바다에 서식하고, 주로 모랫바닥을 기어 다니며, 모래펄에 사는 갯지렁이나 조개류를 먹고 산다. 몸은 머리 가슴, 배, 꼬리의 세 부분으로 되어 있다. 투구게의 생김새와 서식 환경을 통해 삼엽충의 내외골격과 서식 환경을 추정한다. 삼엽충이 약 3억 년 동안 살 수 있었던 것은 투구게처럼 모랫바닥을 기어 다니며 살았고, 천적으로부터 자신을 보호할 수 있었기 때문이라는 것 또한 추정할 수 있다.

이번 태백 답사의 첫 번째 목표는 이 삼엽충 화석을 찾는 것이다. 바다 밑에서 살았던 생물 화석을 찾기 위해 우리는 산으로 갔다. 그 산도 고생대 때에는 바다 밑이었을 것이니….

삼엽충과
부정합

———————

태백, 영월의 4월 초는 아직 봄이라 하기에는 이르다. 삼엽충 화석을 찾아 산으로 갈 때는 숲이 우거지기 전에 답사를 가야 한다. 초록이 넘쳐날 때는 산길을 헤쳐 나갈 수가 없다. 나무 이파리가 나기 전에 도달한 곳은 폐광 근처였다. 이암과 셰일 등의 퇴적암이 이리저리 부서지고 흘러내린 비탈길 경사지가 우리 일행이 삼엽충 화석을 찾을 곳이다. 퇴적암 돌을 깨고 깬다. 그러다 돌이 수평으로 갈라졌을 때 숨어 있던 혹은 묻혀 있던 삼엽충 화석을 만날 수도 있다.

퇴적암 속에 묻혀 있던 삼엽충을 발견한다. 여러 무리의 삼엽충이다. 바다 밑 이암이나 셰일[•]에 묻혔고 삼엽충의 딱딱한 부위 위로 다시 이암이나 셰일이 덮어 화석화되었음을 학생들에게 구체적으로 보여줄 학습 자료를 얻었다.

답사 둘째 날. 이번 답사의 두 번째 목표인 땅이 들려주는

••
● 이암 중에서 쪼개짐이 발달한 암석

안녕, 지구의 과학

그림 5-3   삼엽충을 만나다

시간의 건너뜀을 확인하러 간다.

구문소에서 낙동강으로 이어지는 강을 따라 내려가면 태백 동점역이 있고, 약 1㎞ 정도 더 내려가면 작은 다리가 있다. 이 다리를 건너 부정합을 만나러 간다.

강가에 난 좁은 길에는 새순이 돋아나는 크고 작은 나뭇가지들로 가득하다. 지질명소인 이 길을 따라 걷다 보면 친절한 지질학적 설명안내판이 있다. '강원고생대국가지질공원'에서 설치한 것으로 지질학적 내용을 일반인도 알기 쉽게 잘 꾸며놓았다.

부정합을 만나러 가는 길은 쉽지 않다. 4월 초, 이제 막 새순이 돋기 시작하는 즈음을 택한 이유는 여름에는 잎이 무성한 이 길을 가는 것이 쉽지 않기도 하지만, 뜻하지 않게 만나

그림 5-4 부정합으로 이루어진 노두. 출처: 젊은지구과학교사모임

안녕, 지구의 과학

는 벌레와 해충을 피하기 위함이다.

강물이 맑게 소리 내며 흐르고, 강변에 쑥이 있는 풍경을 가다 보면 엄청난 시간을 건너뛴 부정합을 만난다.

얼핏 보면 그냥 암석이나 지층이 지표에 직접 드러나 있는 큰 바위이다. 그런데, 이 바위에는 엄청난 이야기가 숨어있다. 삼엽충이 나타나기도 전인 약 25억 년 전 선캄브리아시대의 변성암과 약 5억 년 전 고생대 초기인 캄브리아기 퇴적암이 금 하나를 사이로 두고 함께 있다. 부정합이다!

상하 지층 사이에 긴 시간 간격이 있어, 두 지층의 관계가 불연속적인 것을 부정합이라고 한다. 일반적인 과정은 다음과 같다. 깊은 호수나 바다 바닥에 퇴적물이 쌓인 후 양쪽에서 압력이 작용해 지층이 휘어지는 습곡 등의 변형이 일어나 수면 위로 드러난다. 그리고 오랜 시간 동안의 풍화·침식 작용으로 지층이 깎여 나간다. 이후 다시 해수면 아래로 침강한 다음 새로운 지층이 쌓여 마치 위층이 아래층을 잘라낸 것처럼 보이는 부정합 지층이 형성된다.

노두의 암석을 설명하는 안내판을 보자.

여기, 암석 사이에 작은 금이 있다. 이 금의 양쪽에 있는 암석은 완전히 다르게 생겼다. 그 이유는 무엇일까? 이 금의 한쪽에는 약 25억 년 전(선캄브리아시대)의 변성암이, 또 다른 한쪽에는 약 5억 년 전(하부 고생대 캄브리아기)의 퇴적암이 나타난다.

그림 5-5　　부정합면을 경계로 선캄브리아 시대와 고생대

안녕, 지구의 과학

다시 자세히 내려다본다.

〈그림 5-5〉에서 부정합면을 경계로 왼쪽은 약 25억 년 전의 화강편마암이라는 변성암이다. 오른쪽은 약 5억 년 전 한반도 고생대 초기 조선 누층군에 형성된 태백산분지의 최하위 층인 면산층이다. 면산층의 최하부는 약 7m 두께의 역암으로 이루어져 있고, 그 위로는 약 100m 두께의 암회색 사암과 모래와 실트암(찰흙의 중간 굵기인 흙으로 된 암석)이 있다.

알고 보면 보인다. 설명안내판을 따라 부정합면을 경계로 두 시대를 두 다리로 걸쳐 본다. 놀라운 시간의 간격이다. 그리고 또 다른 큰 깨달음. 부정합면을 경계로 약 20억 년의 시간이 지워졌지만, 그 경계와 무관하게 풀과 꽃이 함께 그리고 동시에 자라고 있었다. 인간의 시간 범위를 벗어난 자연의 시간은 보이지 않아도, 측정되지 않아도 이어지고 있음을 깨닫는다. 시간이라는 틀을 이미 벗어난 자연의 시간에 경건히 고개를 숙이는 순간이다.

산에서 바다 밑의 모습을 보고, 금이 간 암석 사이로 20억 년의 시간차를 접한 어제와 오늘, 답사의 묘미가 여기에 있다.

이용일·최태진·임현수, "태백산분지에 분포하는 장산층의 퇴적시기 및 암석 특성 재고찰", 《지질학회지》 제52권 제1호.

6

인간과 자연이 그린 땅의 역사

지질도와 지도

우리 땅을 답사하는 것은 여행 같아 언제나 설레고 신이 난다. '지구과학 I'에서 우리나라의 지질 명소를 배우고, '지구과학 II'에서는 이런 지질 명소의 지질적 특성을 지질도를 통해 확인하는 조금 심화된 내용을 학습한다.

지질도 작성과 해석 단원의 도입에는 휴대폰으로 지질도를 확인하는 그림이 있지만, 본문의 지질도 작성 과정은 전통적인 지질 답사 준비물을 갖추고 조사하는 그림을 제시한다. 교과서로 공부를 한다는 것은 기본을 먼저 익히는 과정이다. 그런 연후에 확장된 시선은 학습자의 몫이기에 본문의 지질도 작성 과정은 의미가 있다. 하지만, 이제는 휴대폰으로 이용할 수 있는 기술들이 많기에 이에 대한 정보도 추가할 필요가 있

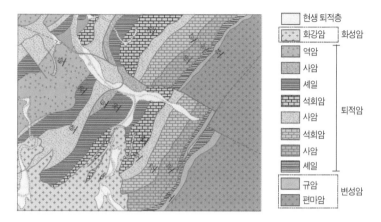

현생 퇴적층

화강암 ─ 화성암

역암

사암

셰일

석회암

사암 ─ 퇴적암

석회암

사암

셰일

규암 ─ 변성암

편마암

그림 6-1   지질도 예시

다. 휴대폰 하나만 있으면, 현장에 직접 가기 전 지질도를 다운받고 지형도와 함께 3D 파노라마 사진과 영상으로 현장을 직간접적으로 볼 수 있게 해주니 이 얼마나 편하고 효율적인 도구인가.

사실 지질도는 지형도보다 지형의 속살을 더 깊이 바라보게 한다. 그래서 지형을 보고 지질도를 함께 보면 이해가 쉽지 않다. 지형의 겉과 깊은 속내를 알아낸다는 것은 그만큼 지질학자의 노고가 많았다는 이야기다.

서로 다른 시간의
지층

─────────

지질도는 한국지질자원연구원 산하 국토지질정보의 지오빅데이터 오픈플랫폼(https://data.kigam.re.kr/mgeo/)에 들어가면 받을 수 있다.

지질도 예시를 보면 화성암은 마그마와 관련되어 붉은색 계통, 퇴적암은 호수, 바다 퇴적환경과 관련되어 푸른색 계통, 변성암은 열과 압력에 의해 녹은 갈색 계통으로 표시됨을 알 수 있다.

교과서에 실린 지질도 해석 탐구 활동에는 우리 지역의 인공위성 사진과 지질도를 함께 배치하고 있다. 이 두 개의 자료를 해석하고 비교해 찾을 수 있는 지형의 공통점을 토의해보는 것으로 마무리를 하면 된다. 간단해 보인다. 그런데, 지질도와 인공위성 자료를 자세히 바라보면 새롭게 보이는 것이 있다.

호수를 끼고 있고 나무와 바위로 뒤덮인 인공위성 사진 속 산을 지질도를 통해 보면 여러 지층이 모여 하나의 산을 이루고 있음을 알 수 있다.

하나의 산. 그러나 그 산을 구성하는 다양한 지층은 형성된 시대와 암석이 서로 다른 경우가 많다. 다양하다는 것은 여러 시대에 걸쳐 다양한 퇴적물이 쌓여서 지층을 형성하였다

안녕, 지구의 과학

그림 6-2   충주호 서쪽 지역 위성사진(위)과 충주호 서쪽 지역 지질도(아래)
출처: 한국지질자원연구원

는 뜻이다. 퇴적암은 일반적으로 호수나 바다 밑에서 쌓여 형성되니 수평으로 퇴적되었다가 지구의 힘을 받아 지층이 휘어지거나 끊어지기도 했을 것이다. 그리고 오랜 지구의 시간을 지나면서 지금은 땅 위로 드러나 산의 형상을 하고 있다.

이런 시선을 확장해 우리가 살고 있는 집이나 지역은 어느 시대의 지층 위에 있을까를 찾아보면 어떨까. 수업을 하다가 학생이 사는 집을 지오빅데이터 오픈플랫폼 지질도에 찍어보고 땅의 시원을 알아보게 한다.

지질도에서도 한강은 서울의 한가운데를 가로질러 도도하게 흐른다. 땅은 강의 북쪽과 남쪽으로 나뉘어 있지만, 서울을 구성하는 지층은 이와는 다르다(〈그림 6-3〉 참조).

북한산 주변으로 붉게 색칠된 영역은 중생대 쥐라기 대보관입압류 화강암을, 한강 주변으로 옅은 초록으로 색칠된 영역은 신생대 제4기 충적층을, 마포 근처의 갈색 영역은 선캄브리아 시대 서산층군 경기변성암복합체 호상편마암을 기반으로 구성되어 있다. 지질학적으로 보면 선캄브리아 시대의 지층이 광범위하게 있다가 중생대 쥐라기의 대보화강암의 관입이 대규모로 일어났을 것이다. 이후 지하에 있던 화강암이 융기를 통해 지표로 노출되었고, 신생대를 지나면서 하천에 의해 모래나 진흙, 점토, 자갈 등의 퇴적물이 쌓이고 쌓여서 한강변 주위로 충적층을 이루었을 것이다. 한강 주변이 개발되기 전의 옛 그림과 개발 후의 모습을 비교하면 높은 건물이

안녕, 지구의 과학

그림 6-3   서울 지역의 지질도 출처: 한국지질자원연구원

충적층 위에 우뚝 서 있는 것 또한 과학기술의 덕택임을 알
수 있다.

한 장의 지질도로 보는 서울 전경 속에는 이렇게 기나긴
땅의 역사가 있다. 지질도를 보면 단순히 지층의 형태와 지질
구조를 알 수 있는 것에서 더 나아가 그 땅의 구조와 시간에
따른 사건을 알 수 있다. 산과 우리가 사는 지역을 구성하는
지층에 대한 이야기는 다음 단원인 한반도 형성 과정에서도
이어진다.

인간의 경계,
자연의 경계

한반도. 남쪽의 한라산에서 북쪽

의 백두산까지 이어진 우리나라 땅도 본래 하나였을까를 지질학적으로 생각해본다. 현재까지 한반도를 포함한 동북아시아의 지체 구조 형성은 지각 분리 모형, 충돌대 모형, 만입 쐐기 모형, 이 세 가지의 가설로 논의되고 있다. 이 가설에서 분명한 것은 중국 대륙은 남중국 지괴와 북중국 지괴가 충돌해 형성된 것이다. 충돌의 결과 땅속 깊은 곳에서 만들어진 초고압 광물이 지표로 올라온 증거인 다이아몬드와 에클로자이트가 발견되었기 때문이다. 이런 초고압 광물이 아직 발견되지 않은 한반도의 형성 과정은 여전히 연구 진행중이다. 이 중 현재 가장 유력하게 논의되는 가설인 만입 쐐기 모형을 보자《그림 6-4》.

역시 그러하다. 우리가 사는 이 땅 한반도는 처음부터 하나의 완전한 땅덩어리가 아니었다. 여러 거대한 땅덩어리(지괴)가 지구 내부의 운동 과정에서 이동하고 충돌·병합하고 때론 분리되어 지금의 한반도를 형성하게 되었다.

한 발 더 나가보자. 이 단원에서는 한반도의 지사(地史)를 다루기도 한다. 한반도의 지사, 말 그대로 한반도 땅의 역사이다.

그림 6-4   한반도 지체 구조 형성과정

안녕, 지구의 과학

학생들에게 교과서에서 제시한 한반도의 지체 구조* 그림 활동지를 나눠준다. 그리고 각 지질 시대별 한반도의 지사를 색깔로 구분해 그려보게 한다. 이 과정은 기본적으로 선캄브리아 시대, 고생대, 중생대, 신생대의 한반도 지사를 지질 시대와 지역별로 구분하는 것이다. 이를 통해 각 지질 시대별로 어떤 사건들이 있었으며, 어떤 암석과 화석이 발견되는지를 구분하여 학습하는 것이 주요 목표다.

이 활동에서 조금 더 나아가 일반적인 한반도의 행정지도를 추가 제시해 한반도 지사 그림과 비교해 그 차이점을 이야기하는 시간을 갖는다. 조금은 다른 시각에서 인간이 만든 경계와 자연이 만든 경계가 다름을 깨우쳤으면 하는 바람에서이다. 우리가 인위적이든 전략적이든 경기도, 강원도 등의 도 단위로 행정구역을 나눈 것과 지구의 거대한 힘과 운동으로 만들어진 한반도 땅의 경계는 서로 다르다. 어떻게 보면 인간이 그린 경계는 자연이 만든 경계 위에 그린 하나의 선에 지나지 않을 수 있다. 겉으로 같은 땅 혹은 나뉘어져 있는 땅일지라도 그 속이 겉과 같을 수만은 없을 것이다.

행정 지도와 땅의 지사를 표시한 지도를 보며 그런 생각을 한다. 어쩌면, 인간은 인간이 그린 경계로만 세상을 해석하

• 대규모의 지각변동으로 지층의 구성, 구조적·변형적 특징, 상태와 상호 관계를 말한다. 순상지·조산대·해령·해구와 여기에 수반되어 나타나는 대규모의 단층대·습곡대·화산대·지진대 등을 들 수 있다.

려는 것은 아닐까? 경계 밑에는 땅의 이야기가 있는데, 조금 깊게 그리고 넓게 땅의 이야기를 먼저 듣고 이해하는 것이 낫지 않을까? 학생들이 색연필로 그려나가는 자연과 인간의 땅 그리기 활동에서 이런 생각을 해봤으면 하는 바람이다.

7

암석에서 우주를 보다

암석과 광물의 미시 세계

고등학교 지구과학Ⅱ에서는 편광 현미경을 이용해 암석과 광물을 관찰하는 내용이 있다. 편광 현미경은 광학 현미경의 일종으로 암석과 광물 박편을 관찰할 때 한 방향으로만 진동하는 빛을 이용하여 암석과 광물의 광학적 성질을 관찰하는 현미경이다. 편광 현미경은 일반 현미경과 달리 일정한 방향으로 진동하는 빛만 통과시키는 편광판이 장착되어 있다. 물론, 지구과학Ⅰ에서도 화산암과 심성암의 광물 조직을 설명하기 위해 편광 현미경으로 관찰한 암석 사진을 제시해주기도 한다.

편광 현미경으로 관찰한 암석과 광물의 모습과 특징은 대학수학능력시험에서도 비중 있게 나오곤 한다. 그래서 직접 관찰하며 '이 암석이 어떤 광물들로 구성되어 있으니, 이 암석은 화성암 혹은 퇴적암 혹은 변성암이다라는 결론을 끌어낼 수 있도록 수업을 한다.

교과서를 보면 편광 현미경으로 관찰하고 관찰 결과를 정리하는 식으로 구성되어 있다. 자연과학을 공부하는 데에는 엄밀한 관찰과 논리적 판단으로 결론을 도출하는 것이 중요하다. 하지만, 학생들에게 객관적이지만 왠지 딱딱하고 건조한 활동이 되지 않을까 걱정이 되기도 한다. 관찰 장면을 스케치해보게도 하지만, 학생들의 생각을 확장해보는 뭔가가 더 필요할 듯했다.

그래서 제안한 것이 편광 현미경으로 관찰한 광물과 암석의 관찰 결과물을 휴대폰을 이용해 사진으로 찍고, 재물대를 돌리면서 광물의 색깔 변화를 동영상으로 찍어 보고서를 작성하되 반드시 이번 활동을 통해 배우고 느낀 점을 쓰도록 했다. 사람이 음식을 다양하게 먹는 것도 중요하지만 이를 소화하는 것이 더 중요한 것처럼 학생들이 지식을 습득하는 것 이상으로 정리 과정을 통해 이를 체화하는 것이 중요하기 때문이다. 느낀 점, 배운 점을 한 번 더 고민하면 관찰한 내용을 다시 한 번 주의 깊게 들여다볼 수 있다.

다행히 아이들의 보고서는 정성과 감동이 들어 있었다.

••
• 암석 박편을 관찰할 때 하부 편광판만으로 관찰한 상태를 개방 니콜이라 하고, 하부와 상부 편광판을 모두 넣고 관찰한 상태를 직교 니콜이라 한다. λ/4와 λ는 직교 니콜에서 간섭색의 차이를 볼 때 사용한다.

현무암

개방니콜　　　　　　λ/4　　　　　　λ

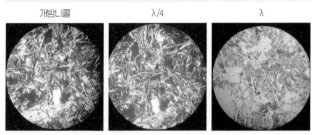

현무암: 지질학 용어로는 1546년에 G. 아그리콜라가 처음으로 명명했다고 한다. 광물 조성은 염기성 사장석과 단사휘석을 주로 하는데, 약간의 감람석이나 사방휘석, 석영, 각섬석을 함유한다. 대부분은 자철석-티타늄철석-인회석을 수반하며, 상당한 양의 감람석이나 석영을 함유하는 경우는 감람석현무암 또는 석영현무암이라 한다.

오일 셰일

개방니콜　　　　　　λ/4　　　　　　λ

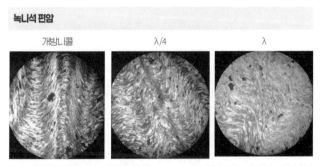

오일 셰일: 퇴적암의 한 종류인 셰일 중 광물질과 유기물질로 구성되며 유기물질의 수소 함량이 다른 고체 화석연료보다 높은 것을 말한다. 오일 셰일은 낮은 온도로 주로 액체 탄화수소와 소량의 질소, 유황 및 산소를 함유한 유기화합물로 구성되며 셰일오일을 추출할 수 있다.

녹니석 편암

개방니콜　　　　　　λ/4　　　　　　λ

녹니석 편암: 녹니석을 많이 포함한 결정편암, 광역변성암의 일종으로서 광물이 대략 일정한 방향으로 배열하고 엷게 쪼개지는 성질(편리)을 소유한 암석이다. 녹니석을 많이 포함하고 있어서 녹색을 띤다. 윤기가 있고, 편리가 잘 발달해 있다. 대체로 세립질로서 주로 석영, 장석, 녹니석, 흑운모 등으로 구성되어 있으며 소량의 견운모도 관찰된다.

그림 7-1　　　　　　학생들의 작품

아이들의 발표 작품을 하나 보자《그림 7-1》.

깔끔하게 잘 정리한 듯하다. 그러나 중요한 것은 자신이 직접 관찰하고 느낀 점에 있다. 이 탐구보고서를 작성한 두 학생의 느낀 점은 다음과 같았다.

학생 A: 인간의 능력에는 항상 한계가 있고, 따라서 우리가 볼 수 없는 것들도 있다. 그리고 이렇게 현미경과 같은 도구를 통해 육안으로 볼 수 없던 세계를 보게 되면, 나는 전에는 보지 못했던 아름다움에 감탄하는 것 같다. 우주를 적외선 카메라를 통해 볼 때처럼 이렇게 암석을 편광 현미경으로 볼 때도, '별것 없겠지'라고 생각하던 것에서 대단한 아름다움이 숨어있음을, 그리고 다색성에서 볼 수 있듯이 암석들마저도 여러 가지 면모를 가지고 있음을 느낀다. 자연은 나에게 내가 보고, 느끼고, 믿는 것만이 전부가 아님을 항상 말해주는 듯하다. 녹니석 편암을 보면 뭉크의 작품 〈절규〉가 떠오르는데, 나는 인류가 아름답다고 느끼는 것들이 결국 모두 자연 안에 있다는 것을 절감했고, 여기서 또 한 번 인간은 자연을 거스르는 존재가 아니라 상생해 나가는 존재라는 것을 깨달았다.

학생 B: 우리는 길가에 떨어져 있는 작은 돌멩이를 보면 어떤 행동을 취하는가? 발로 차거나 그냥 지나가거나 굳이 던지기도 한다. 자연 그대로의 상태인 작은 돌멩이는 작고 연약하며 아름답지 않은 존재라고 우리는 생각해 왔다. 하지만 미시 세계의 암석 세계를 관찰해보니 우리가 알고 있는 암석의 겉모습은 아무것도 아니었다. 이암은 그 안에 우주를 품고 있었고, 현무암은 무수히 많은 보석을 갖고 있었다. 장석 사암은 꼭 지구를 보는 듯했고 녹니석 편암은 지구의 위대함을 보여주었다 해도 모자람이 없었다. 솔직히 그다지 재밌지 않겠지라는 생각으로 시작한 이번 활동이 이런 큰 감동을 줄 것이라고는 생각조차 하지 못했다. 작은 암석 하나하나가 그 안에 또 다른 내면을 가지고 있었다는 것, 이것은 우리에게 한 가지 질문을 던진다. '암석뿐만 아니라 너희도 아름다운 내면을 가지고 있어!'라고 말이다.

고등학교 3학년 학생이 휴대폰으로 촬영하고 모둠원끼리 의견을 나누는 과정에서 자신만의 느낌을 적기 시작했다. 위 학생은 인간의 능력으로는 볼 수 없는 것을 편광 현미경이라는 도구를 이용해 봄으로써 새롭게 발견하는 아름다움을 이야기한다. 아울러 녹니석 편암의 경우 열과 압력에 의해 변성된 물결 모양을 보고 뭉크의 〈절규〉가 떠올랐던 감동을 적고 있다. 모둠의 다른 학생은 길가에 있는 작은 돌멩이로만 생각했던 것을 편광 현미경으로 관찰해보니 이암은 그 안에 우주를 품고 있고, 장석 사암은 꼭 지구를 보고 있는 듯하다고 적고 있다.

같은 모둠으로 같은 내용을 관찰하였지만, 해석의 폭과 깊이는 다르다. 각자의 생각이 다름과 차이를 만들고, 세상을 보는 시선을 다양하게 한다.

또 다른 모둠의 학생이 탐구 활동에서 느낀 점을 적은 것 중 인상적인 내용을 꼽으면 이렇다. "이암의 미시 세계를 보면서 한번쯤 지구 밖 우주로 가보고 싶다는 생각이 들었다. 작게 드문드문 빛나는 것이 마치 허블 심우주마냥 우주를 혹은 은하수를 보는 듯한 인상을 받았다." 그리고 대미를 장식한 어느 학생의 느낀 점은 특별히 눈에 띄었다. "편광 현미경을 통해 본 거친 돌조차도 아름다움이 있는데 사람이라고 생긴 것과 상관없이 아름다운 측면이 없을 수는 없다. 누군가의 겉모습을 보기보다는 내면을 들여다보는 것이 중요함을 느낄 수 있었다."

자연과학을 전공하려는 학생에게 새롭게 솟아나는 혹은 발견되는 비유의 메타포! 그리고 자연에서 인간과 우주로 나아가는 사유의 확장!

학생들은 배우면서 깨닫고 성장하는 존재인 것을 하나의 탐구 활동에서 발견할 수 있었다. 생각이 커지고 넓어지는 계기를 한 번 더 열어주고자 교사로서 때로는 터무니없어 보이는 의견도 제시해본다.

"편광 현미경으로 바라본 광물과 암석의 미시 세계가 예쁘게 빛나기도 하고, 멋진 장식 조각 같기도 하고, 심해 혹은 심우주 같기도 하지? 그런데 이런 광물과 암석 박편을 우리가 입고 다니는 옷감에 첨가해서 빛이 비추는 방향에 따라 다른 문양으로 바뀌게 하는 옷을 만들면 어떨까? 혹은 암석의 미시 세계의 조각 패턴을 연속적으로 이어가 미시 세계의 모습을 스카프 등의 디자인 작품으로 만들면 어떨까?"

아이디어를 확장시키기 위해 학생들에게 갑작스럽게 던지는 질문들이다. 웃을 수도 있겠다. 하지만, 우리가 지식으로 배우는 모든 것들이 이론에서 끝나지 않고, 엉뚱할 수도 있지만 조금은 멋진 상상력을 발휘해 과학적 지식을 어떤 분야에 적용해 새로운 제품이나 기술을 발전시키는 데 쓰일 수도 있다. 학창 시절을 지나 어른이 되어서도 유효한 관찰과 그를 넘어 확장하는 상상의 세계가 우리 모두에게 필요하지 않을까?

자연과 인간의 이야기

부침바위와 세검정

땅의 이야기는 교과서에서만 있는 건 아니다. 교과서에서 잠시 벗어나 눈을 들어 우리가 사는 동네 혹은 동산을 걸어가다 보면 땅과 암석에 대한 일반적인 지식에 사람의 이야기를 덧붙일 기회가 생기기도 한다.

사진반 동아리를 맡고 있다 보니 계절마다 우리의 시선이 닿을 곳을 찾아 향한다. 첫 번째 시간에는 동네를 끼고 도는 북한산 명상길이고, 그다음 시간에는 평창동의 세검정과 부암동으로 이어지는 프로그램을 구성한 적이 있었다.

도로에서 북한산 자락으로 얼마 오르지도 않았는데도 멧돼지가 출현한다는 현수막이 걸려 있다. 하산하던 어떤 등산객이 경고 현수막 뒤 개울에 발자국이 어지럽게 새겨진 웅덩

이를 가리키며 멧돼지가 왔다 간 흔적이라 알려준다. 아이들은 살짝 겁을 먹었다. 멧돼지를 보면 등을 돌려 급하게 도망치지 말라고 한다. 나 역시 지리산 둘레길을 걸었던 경험에 비추어 그냥 눈 마주치지 말고 무심한 듯 몰래 천천히 피하라고 아이들에게 알려주며 안심시킨다. 그리고 모두 함께 있으니 큰 문제는 없을 것이라고 덧붙인다. 그렇게 북한산 명상길을 오르고 내려가는 길에서 우연히 커다란 바위 하나를 만난다(〈그림 8-1〉).

크다. 북한산 화강암이라고 생각하고 내려간다.

그런데, 이 바위 옆을 지나면서 보니 표면이 움푹 파여 있다. 아하! 그렇다. 북한산의 바위는 약 1억6천만 년 전 지하 10㎞ 부근까지 관입해 형성된 심성암이다. 심성암은 마그마

그림 8-1   북한산 거대 화강암

의 냉각 속도가 느려 광물 입자가 성장할 충분한 시간이 있어 입자의 크기가 크다. 이 암석이 지표로 노출되어 풍화 침식 작용을 받으면 큰 입자가 떨어져 나가 시간이 지나면 저렇게 움푹 파여 나간다. 저렇게 파여 나가다 보면 작은 돌 하나도 얹을 수 있을 만큼 큰 공간이 된다.

그 바위는
어떻게 되었을까

거대 화강암을 보니 부암동의 부침바위가 떠오른다. 이 깊은 산 속에서 발견한 바위가 부침바위와 흡사하기 때문이다. 이 길을 지나면 평창동이고 이어지는 동네가 부암동이다. 부암동(付岩洞)은 한자를 보면 알 수 있듯이 예전에 부침바위가 있었던 동네라 이름 붙여진 것이다. 동네 이름의 유래는 다음과 같다.

> 과거 이 지역에는 높이 약 2미터의 바위가 있었는데, 이 바위에는 자신의 나이만큼 돌을 문지르면 손을 떼는 순간 바위에 돌이 붙고, 아들을 얻는다는 전설이 있었다. '부암동'이라는 지명은 이 바위가 '부침바위'(付岩)라고 불렸던 데에서 유래했다.

부암동에 가면 이 부침바위의 흔적을 찾을 수 있을까? 어

그림 8-2   부암동 부침바위 ©위클리 서울

쩌면 아주 먼 옛날 깊은 산 속 바위가 있는 터로 인간이 들어 오면서 마을이 만들어졌지만, 사실은 산과 저 바위가 인간에게 자리를 내어줬을 것도 같다. 거기서 인간의 이야기가 펼쳐 지고 부암동이란 마을이 생겼을 것이다.

부침바위의 흔적을 찾아보자. 그다음 시간 동아리 학생들에게 던진 숙제였다.

〈그림 8-2〉는 서울시 시사편찬위원회가 발간한 『사진으로 보는 서울』에 실린 사진으로 근대화 과정에서의 서울의 모습을 소개하고자 '위클리 서울'에서 기획한 기사에 실려 있었다.

기사에서의 부암동 부침바위 사진은 일제가 미신 타파라는 명목으로 우리의 고유신앙이나 농촌의 공동체 문화와 결합한 재래 신앙을 억압 해체했음을 제시하고자 첫 번째로 게재한 것이다. 명목은 미신 타파였지만, 실제로는 전통신앙을 통해 민족의식을 갖는 것이 두려웠기 때문이라고 한다.

이 바위는 그 후 어떻게 되었을까?

이 바위에서 서울 성곽 쪽을 바라보면 창의문*이 있다. 1396년(태조 5년) 서울 성곽을 쌓을 때 세운 사소문(四小門)의 하나로 창건되어 창의문이란 문명(門名)을 얻었다. 창의문은 북문 혹은 자하문이라고도 하였다. 자하문(紫霞門). 자줏빛 자, 노을 하. 해 질 녘 창의문 쪽으로 지는 노을이 자줏빛을 띠었겠다. 그 얼마나 아름다운 노을이었을까?

이야기가
없다

————————

부침바위에서 서울 성곽 반대로 향하면 세검정이 있다. 세검정(洗劍亭). 씻을 세, 칼 검. 칼을 씻었던 정자라는 뜻이다. 세검정 앞으로 흐르는 시냇물은 북한산을 이룬 거대한 화강암이 자리잡고 있어 물이 불어날 때는 그 소리가 엄청날 것 같다.

세검정 터를 소개하는 안내판에는 이렇게 적혀 있다.

••
● 도성 북서쪽에 위치하여 양주군과 의주군으로 향하던 관문 역할을 하였고, 근처 계곡의 이름을 따서 자하문이라고 불리기도 한다.

안녕, 지구의 과학

세검정은 홍제천 일대의 경치를 감상하기 위해 지은 정자다. 예로부터 경치가 높기로 유명하여 많은 문학작품의 배경이 되었다. 정자를 처음 지은 것이 언제인지 확실하지는 않지만 1748년(영조 24년)에 고쳐 지으면서 세검정 현판을 달았다. 세검정이라는 이름은 칼을 씻고 평화를 기원하는 곳이라는 뜻이다. 현재의 건물은 1941년 화재로 소실된 것을 겸재 정선(1676~1759)이 그린 〈세검정도〉를 바탕으로 1977년에 복원한 것이다.

세검정의 유래에 대해서는 칼을 씻고 평화를 기원하는 곳이라는 짧은 문장뿐이다. 그 유래를 상세히 알기 어렵고 단조롭다. 세검정의 유래와 이에 얽힌 이야기를 조금 더 찾아본다.

세검정은 조선 숙종(재위 1674~1720년) 때 북한산성을 축조하면서 군사들의 휴식처로 세웠다고도 하며, 연산군(재위 1494~1506년)의 유흥을 위해 지은 정자라고도 전한다. 세검정이란 이름은 광해군 15년(1623년) 인조반정 때 이곳에서 광해군의 폐위를 의논하고 칼을 갈아 날을 세웠다고 한데서 세검(洗劍)이라는 이름이 유래되었다고 한다.

세검정이란 이름이 어떻게 유래되었는지 조금 더 구체적으로 다가온다. 이야기를 더 들어보면, 1623년 인조반정을 단행하기 위해 김류, 이귀, 심기원, 김경진 등 반정공신은 세검

그림 8-4   세검정(2021년)

정에 모여 반정을 모의한 후 칼을 씻으며 결의를 다졌는데, 여기서 이름이 유래했다고 한다.

최석호의『골목길 역사산책: 서울편』에는 세검정과 관련한 다산 정약용의 흔적도 남아 있다. 남산 아래 명동 집에서 벗들과 술잔을 기울이던 1791년(정조 15년) 어느 여름날 다산이 갑자기 벌떡 일어난다. 사방에서 먹장구름이 몰려오고 우렛소리가 저 멀리에서 들려오던 무렵이다. 곧 폭우가 쏟아질 기세였다. 다산은 말을 타고 창의문 밖으로 달린다. 세검정에 올라 자리를 벌이니 비바람이 크게 일어나 물이 사납게 들이쳤다. 다산은 벗들과 더불어 베개를 베고 누어 시를 읊조렸다. 그러곤 술을 한 순배 더 마시고 집으로 돌아갔다 한다. 세검정에서

안녕, 지구의 과학

노닌 이 이야기를 다산은 "유세검정기(遊洗劍亭記)"에 적고 있다.

이런 이야기까지 이어지면 세검정이 시대를 초월하여 구체적으로 다가온다. 거센 계곡물 소리와 함께 이야기가 흐른다.

지금 부암동의 부침바위는 어디로 갔는지 없다. 넓은 도로 옆 경로당 앞 좁은 인도에 부침바위 터라고 적은 작은 비석으로만 간신히 있을 뿐이다. 마을의 이야기를 품고 있는 부침바위가 작은 돌비석으로만 '내가 여기 있었다'라고 말도 시원하게 하지 못한 채 그냥 비켜 서 있다.

이야기가 없다. 근대화를 거치면서 우리와 함께했던 길이 들려주는 이야기까지 아스팔트로 다 덮고 지워버린 것일까? 부침바위 터라는 돌비석과 함께 그 옛날 부침바위의 조형물이라도 만들어 이곳이 우리의 할아버지 할머니가 뛰어놀고, 소원을 빌었던 곳이라고 말해주고 이야기를 들려주는 것이 우리와 함께했던 길과 돌에 대한 도리 아닐까?

세검정의 안내판도 조금 더 구체적이고 자세하게, 자하문이라고도 불렸던 창의문에서 바라보는 노을빛에 관한 이야기도 그렇게 문화와 생활의 이야기를 더했으면 한다. 세검정의 암석과 서울 성곽을 이룬 암석, 그리고 부암동 부침바위의 암석은 1억 년이 넘는 시간 동안 지하 깊은 곳에서 우리를 만나러 올라왔으니, 그 이야기를 들려주는 '자연과 생활문화 이야기 프로젝트'가 필요하지 않을까. 그래야 자연과 인간이 함께 살아갈 수 있다고 전하고 싶다. 덧붙여 길 위에 우리의 이야

기를 펼치는 창의성과 상상력을 키워주는 우리가 되었으면 하
는 바람이다.

9

사람을 닮은 돌

마애석불과 석굴암

답사를 떠나 지형을 관찰하다 보면 느끼는 것이 있다. 그것은 땅에 기대어 살아가는 사람들은 그 땅의 풍모와 성질을 닮아 가기도 하고, 사람을 위한 땅으로 새롭게 일구어가기도 한다는 것이다.

세상 풍파에 흔들리며 살아가다 보면 사람들은 자신의 삶을 기대고 의지하고자 하는 바람으로 어떤 절대적인 존재를 형상화하기도 한다. 불상도 그런 바람 중 하나일 것이다. 사람들은 자기가 사는 땅의 암석을 가져와 불상(석불)을 새긴다. 따라서 어느 땅의 불상은 그 땅과 그곳에서 발붙여 살아가는 사람들의 심정을 대변하고 닮아있다.

마애여래
삼존상

─────────

　　　　　　　한국의 미소라고 표현하는 대표적
인 불상인 서산 마애여래삼존상을 찾아간다. 가족 여행을 갔
다 우연히 만난 삼존석불은 그 미소가 사람의 마음을 편하게
감싸준다.

　멀리서 봐도 햇살의 각도에 따라 다양한 의미의 미소를
짓고 있다. 가까이 가본다. 마애여래삼존상을 받치고 있는 바
위는 마치 커다란 물고기 같다. 물고기는 옛날부터 다산과 복,
부유와 여유를 상징했다는데, 그 옛날 백제 사람들의 염원이
그대로 전해지는 듯하다.

　지금이야 마애여래삼존상이 산 중턱에 위치해 사람들의
마을과는 동떨어져 있지만, 과거에도 그랬을까? 발견 당시의
마애여래삼존상 사진을 찾아보니 알겠다. 마애여래삼존불상
과 물고기 바위는 논밭을 일구는 사람의 길과 물길 위에서 이
들을 보살펴주는 의미가 있지 않았을까? 불상이 사람의 마
을을 지켜주고 다독여주었을 듯하다. 불상에 좀 더 가까이
다가가 본다.

　백제는 6세기 후반에서 7세기 중반까지 국력이 강대했으
며, 이 기간에 불교문화도 함께 번성할 수 있었다. 마애여래삼
존상이 있는 서산은 중국 및 고구려와 해상 교통을 통해 불교

그림 9-1　　서산 마애여래삼존상

문물을 수용하던 요지였다. 거대한 석가여래입상을 중심으로 오른쪽에는 보살입상, 왼쪽에는 반가사유상이 조각되어 있다. 흔히 '백제의 미소'로 널리 알려진 이 마애불은 암벽을 조금 파고 들어가 불상을 조각하였다.

이 불상의 암석은 중립질 흑운모 화강암•이다. 화강암은 지하 깊은 곳에서 마그마가 천천히 냉각되어 굳어진 암석으로 암석을 구성하는 광물 입자가 크다. 이런 화강암으로 불상을 새기면 시간이 흘러 햇볕, 바람, 비, 기온차 등으로 인한 풍화·침식으로 광물 입자가 떨어져 나가 불상이 원래의 표정과 다르게 변할 수 있다. 다시 말해 화강암으로 대리석 조각처럼 각이 지고 정교하게 불상을 새기면 시간이 지나 광물 입자가 떨어져 나가 미소 짓는 표정이 험상궂게 될 수도 있다. 생각해보라. 서산 마애여래삼존상이 만들어진 지가 근 1,400년이 되어간다. 지금의 정교함이 아니라 앞으로도 불상이 미소 짓는 모습을 간직하려면 어떻게 조각해야 했을까? 백제의 석공은 각이 진 불상 대신 광물 입자가 떨어져 나가더라도 어색하지 않은 부드러운 표정의 불상으로 새겨야 했으리라.

••
• 서산 마애삼존불상은 한반도의 지체구조상 경기육괴의 서남단에 위치한다. 이 지역은 선캄브리아기의 편마암류가 최고기 기반암을 형성하며 중생대 쥐라기의 대보화강암류가 관입하여 저반을 이루는 지역이다. 《보존과학회지》 Vol. 19, 2006.

안녕, 지구의 과학

석굴암

　　　　　　　　한국 불상의 또 다른 백미인 경주
의 석굴암으로 간다. 석굴암은 현재 보존을 위해 온도와 습도
가 유지되는 유리칸막이 안에 있어 관람객은 오직 유리창 너
머로만 본존불을 볼 수 있다. 하지만, 유리창 너머로지만 본존
불의 위엄과 아름다움은 충분히 느껴진다.

　석굴암의 본존불은 완벽에 가까운 균형과 조화를 이루고
있지만, '백제의 미소라 불리는 서산 마애여래삼존상과는 다
르게 근엄함이 물씬 풍긴다. 조화로움과 숨 막힐 듯한 근엄함
이 공존한다. 석굴암을 이루는 암석은 중립 내지 조립질의 화
강섬록암이다. 화강암류이기에 울퉁불퉁한 광물 입자를 다듬
어 부드럽게 새겨야 한다. 서산 마애여래삼존상처럼 석굴암의
삼존불 역시 빛의 양과 방향에 따라 불상의 형상이 달라 보인
다. 빛이 날카롭게 닿지 않으면 표정이 보이지 않는다. 석굴암
본존불을 덮고 있는 돔형 천장을 이루는 덮개돌이 본존불의
표정을 더욱 근엄하게 한다.

　통일신라의 석굴암 본존불이 이렇게 근엄한 이유가 무엇
일까 궁금했다. 석굴암은 경주시 토함산 중턱에 있는 석굴로
서 신라 경덕왕 10년(751년), 당시 재상이었던 김대성이 불국사
를 중창할 때, 왕명에 따라 착공해 20년 후 완성한 것으로 전
해진다. 즉, 그는 현세의 부모를 위하여 불국사를 세우는 한

그림 9-3   비도에서 바라본 본존불 ⓒ한석홍 기증자료-국립문화재연구소

안녕, 지구의 과학

편, 전세의 부모를 위해서 석굴암을 세웠다는 것이다. 751년이면 통일신라의 경덕왕 때이다.

이 시기의 역사를 잠깐 살펴본다. 30대 문무왕(재위 661~681년)은 삼국 통일을 이루었고, 31대 신문왕(재위 681~692년)은 전제왕권을 확고하게 세웠다. 하지만 34대 효성왕(재위 737~742년)에 들어서는 왕실의 전제왕권이 점차 약해했다. 35대 경덕왕(재위 742~765년)은 선대왕인 효성왕 시절 약해진 전제왕권을 다시 강화하기 위해 노력한 왕이었다. 한 가지 방편으로 효(孝)와 충(忠)을 강조해 왕권 강화로 이어지도록 국가적 차원의 불사(佛事)를 장려했다고 한다. 개인적인 견해이지만 유학교육기관인 국학에서 유학(儒學)의 충 사상을 가르쳤고, 불교를 통해 백성의 마음을 얻어야 했던 남북국시대의 통일신라는 석굴암 본존불을 통해 카리스마 있는 왕의 모습을 보여줄 필요가 있었을 것이다.

경주 답사를 하다 보면 석굴암과 대비되는 곳이 황룡사지와 남산에서 만나는 석불과 석탑이다. 신라 경주에서 가장 컸던 사찰로 알려진 황룡사이지만, 현재는 터만 남아 있다. 그런데, 그 터 위를 걷다 보면 지나간 것의 쓸쓸함보다는 뭔가 가슴을 열어주는 넓은 흙길을 걷는 것 같다. 꽃이 진 풍경이 안타깝지만, 꽃이 져야만 열매를 맺는 것이 자연의 이치이듯이

••
• 임영애, "석굴암 조성 시기는 언제인가", 《신라학 리뷰》, 창간호 96~97.

그림 9-4 경주 남산의 석탑

지난 역사 속 치열했던 땅의 흔적은 지워졌을지라도 그 뜻과 꿈은 여전히 우리에게 전해지는 듯하다. 그래서일까? 남산에 널리고 널린 석불과 석탑 중 꼭 하나가 나를 끌어당긴다.

탑이 바라보는 것이 산일까? 사람이 사는 마을일까? 마을에 사는 사람들은 남산의 저 석탑이 보였을까? 그런 의문을 품고 있을 때 문화해설사가 말씀하신다. "지금은 나무로 덮여 마을이 잘 보이지 않지만, 과거 이 석탑이 세워진 신라 때는 산에 나무가 거의 없었습니다. 나무에 가려지지 않으니 산 중턱에서 사람의 마을을 바라볼 수 있었답니다."

그렇구나. 신라의 저 석탑은 사람의 땅에서 조금 떨어진 곳에서 사람과 땅을 보살펴주고 있었다. 그 소망과 꿈이 천년도 더 지난 시간에도 전해져 온다.

안녕, 지구의 과학

    석굴암의 빼어난 조화와 근엄함도 있지만, 이렇게 땅과 사람을 보듬듯이 살펴주는 석탑과 석불이 경주에는 참으로 많다. 그 모두 지하 깊은 곳에서 형성된 화강암이다. 결국 돌로 만든 불상은 그 땅의 풍경과 사람이 사는 세상으로 인해 근엄함일 수도, 미소 가득 품은 인자함일 수도 그리고 손으로 쓰다듬어주고 싶은 고움일 수도 있다. 때론 그 땅에 사는 사람들도 돌의 결을 닮아간다. 그래서 공평한 세상이다. 더불어 닮아가니.

10

경계와 문명

판구조론

지진과 화산 활동이 자주 일어나는 지역을 연결하면 지구의 표면은 크고 작은 조각으로 구분되는데, 이런 조각을 판(plate)이라고 한다. 판은 지구 내부의 운동에 의해 이동한다. 지구시스템 중 지권의 변화를 서술할 때 판의 이동은 빼놓을 수 없는 내용 중 하나이다. 판의 분포와 이동 방향에 따라 판의 경계에서 다양한 지형이 형성되고 지각 변동도 일어나기 때문이다.

지권의 변화를 실감할 수 있는 지진과 화산은 주로 어디에서 일어날까? 뉴욕주립대 앨런 존스(Alan L. Jones) 교수가 제공하는 컴퓨터 프로그램이 있다. 드럼 소리에 맞춰 1960년부터 전 세계 지진, 화산 활동이 일어난 지역을 표시해준다. 이 프로그램을 수업 중에 활용하면 지진과 화산이 특정한 지역에

안녕, 지구의 과학

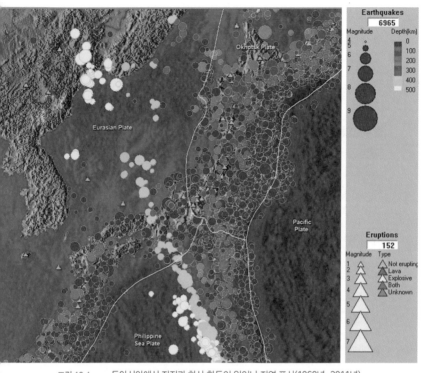

그림 10-1   동아시아에서 지진과 화산 활동이 일어난 지역 표시(1960년~2011년)

서 집중적으로 일어났음을 자연스럽게 확인할 수 있다. 그리고 지진과 화산 활동이 활발한 지역을 선으로 그어 보면 지구는 크고 작은 몇 개의 판들로 이루어졌음을 알 수 있다.

판구조와
지진

여러 판의 경계가 접하고 있는 동아시아의 지진과 화산 활동 지역을 표시하면 재미난 것을 발견하기도 한다. 예를 들어 태평양판과 필리핀판이 만나는 경계에서 지진이 일어나는 깊이는 태평양판에서 필리핀판으로 갈수록 깊어진다. 태평양판이 필리핀판보다 밀도가 커서 태평양판이 필리핀판 아래로 섭입하고 있는 것이다. 일본 열도는 이런 판의 경계에 위치하고, 한반도는 그 경계로부터 떨어져 있어 지진과 화산 활동이 덜하다. 이것에 더해 남동진하는 유라시아 판을 더 내려오지 못하게 필리핀판이 막아주고 있어 한반도가 판의 경계에서 조금 떨어져 있게 한다.

그런데, 지진과 화산 활동이 일어나는 자료는 1960년대를 기점으로 한다. 왜일까? 이유는 전 세계 지진 관측망과 관련이 있다. 제2차 세계대전 이후 미국과 구소련의 냉전이 이어지면서 핵무기 개발은 그야말로 경쟁적으로 이루어진다. 그리고 이 개발이 마무리 단계로 들어갈 즈음 대기권, 수중, 우주

공간에서의 핵실험 금지 조약을 체결한다. 하지만, 지하에서의 핵실험은 계속되었고, 결국 이를 서로 감시하기 위해 전 지구 지진 관측망을 갖춘다. 바로 이 전 지구 지진 관측망 덕분에 지진학자들은 1960년대에 이르러 세계적으로 어느 곳에서 지진이 일어나고 있는지를 알 수 있게 되었고 이를 정확한 지도로 작성할 수 있게 되었다.

이렇게 만들어진 지도는 지진이 아무 곳에서나 일어나는 것이 아니라 특정 지역을 따라 분포하고 있다는 점을 분명하게 보여주었다. 1960년대 초 헤스가 예측했던 것처럼 새로운 해양 지각이 만들어지는 해저 산맥의 정상부와 해양 지각이 다시 맨틀로 가라앉는 해구 지역의 존재를 확인할 수 있었으며, 판구조론의 확립에 필요한 종지부를 찍을 수 있는 중요한 전기가 마련되었다.

과학에 얽힌 이야기를 듣다 보면 과학적 자료가 과학 그 자체를 위해 개발되고 활용한 결과가 아닐 경우가 많다는 사실이 아이러니하기도 하다.

판의 경계와
고대 문명

───────

이제 본론으로 돌아가 보자. 판의 분포와 이동 방향을 보여주는 그림과 전 세계 지진과 화산 활동이 일어나는 지역 그림을 번갈아가며 자세히 바라본다. 현생 인류가 진화해나갔던 곳은 판의 경계인 동아프리카 열곡대이다. 그리고 인류 문명의 발상지인 인더스 문명과 메소포타미아 문명이 지진 활동이 아주 활발하게 일어나는 판의 경계 근처에 있다. 이집트 문명과 황하 문명도 이와 상관이 있는 듯하다!

판의 경계 부근에서는 지진이나 화산 활동이 많은데, 초기 인류의 문명은 왜 이 근방에서 일어났을까? '지구는 어떻게 우리를 만들었는가'라는 질문을 던진 루이스 다트넬의 『오리진』이란 책을 읽기 전에는 한 번도 이런 생각을 해보지 못했다.

현생 인류의 조상은 아프리카에서 출현하였고, 그중 동아프리카 열곡대 근처에서 인류의 이동이 시작되었다는 것이 미토콘드리아DNA° 연구의 일반적인 결과이다.

동아프리카는 아래에서 솟아나는 마그마 기둥 때문에 위로 불룩 솟아올랐고, 이 때문에 지각이 늘어나다가 균열과 단층이 생겼다. 그렇게 거대한 지각 덩어리가 내려앉아서 생긴 편평한 골짜기 바닥과 그 양쪽으로 늘어선 산등성이들로 이루어진 동아프리카 열곡대라는 지리적 특징이 생겨났다.

판의 활동으로 생긴 열곡 지대에는 화산 분출의 결과 화

●　인간 DNA의 99퍼센트는 핵에 있지만 1퍼센트는 핵 바깥 세포질의 미토콘드리아에 존재한다. 1만6569개의 염기쌍으로 이뤄진 mtDNA(미토콘드리아DNA)는 어머니에게서 자식으로 유전되며, 딸을 통해서만 다음 세대로 유전되기 때문에 모계 조상의 단서를 찾는 근거로 사용된다. mtDNA의 염기쌍 중 일부는 세대를 거치면서 다른 염기로 바뀌는데 돌연변이가 일어난 선후관계를 따지면 그 조상을 추적할 수 있다.

산재가 쌓여 토지를 비옥하게 했을 것이다. 또 비가 쏟아지면서 골짜기 바닥 여기저기에 있는 호수로 흘러들었을 것이다. 초기 인류의 먼 조상이 모여서 살아가기에 적합한 환경이지 않았을까? 하지만, 동아프리카 열곡대의 따뜻한 호수는 강수와 증발 사이의 균형에 민감한 영향을 받아 기후가 아주 조금만 변하더라도 호수 수위가 크게 그리고 빠르게 변했을 것이다. 즉, 이런 변화에 적응하지 못한다면 더 나은 환경을 부여하는 곳으로 이동하였을 것이다.

다시 본론으로 돌아가 처음의 의문점인 초기 인류의 문명이 판의 경계 부근에서 출현한 이유를 살펴보자.

일반적인 지도 위에 표시한 4대 문명 발상지는 강을 중심으로 인류의 문명이 시작되었음을 정적으로 알려준다. 이에 반해 지진과 화산 활동이 활발하게 일어나는 판의 경계 지도 위에 표시한 4대 문명 발상지는 강뿐만 아니라 지진과 화산 활동이 활발하게 일어나는 지역에 있다는 것이 놀랍기도 하고, 의아하기도 하다.

그림 10-2   4대 문명 발상지(노란색 원 부분)와 지진과 화산 활동 지역

몇 가지
이유

————————

지각의 균열이 초래하는 지진과 화산의 위험에도 불구하고 판의 경계에 가까운 곳에 고대 문명이 건설된 이유는 무엇이었을까. 몇 가지 이유를 찾아보면 이렇다.

첫째, 판의 충돌 과정에서 솟아난 높은 산맥이 누르는 엄청난 무게에 짓눌려서 침강하는 저지대 분지의 형성이다. 이는 인류의 고대 문명이 강을 중심으로 형성된 이유를 함께 설명한다.

인더스강 유역에서는 인도판이 유라시아판 아래로 섭입하는 과정에서 생성된 히말라야산맥 기슭을 따라 죽 뻗은 골짜기 분지가 형성되었다. 히말라야산맥에서 흘러 내려오는 인더스강과 갠지스강은 앞쪽에 있는 이 분지를 지나가면서 산에서 싣고 내려온 퇴적물을 쌓아 초기의 농업에 유리한 기름진 토양을 만들었다. 세계 최초의 3대 문명인 하라파 문명이 나타난 배경이다. 하라파는 인더스 문명을 대표하는 도시 중 하나이다.

메소포타피아 문명 역시 아라비아판이 유라시아판 아래로 섭입하면서 생겨난 자그로스산맥의 무게에 짓눌려 침강하는 분지 위로 티그리스강과 유프라테스강이 지나간다. 따라서 메소포타미아의 토양 역시 이 산맥에서 침식되어 내려온 퇴적

안녕, 지구의 과학

물이 쌓여 매우 비옥했다. 아시리아 문명과 페르시아 문명은 둘 다 아라비아판과 유라시아판이 교차하는 지점 위에서 생겨났다.

둘째, 문명의 발상지에서 중요한 것은 물과 비옥한 토지였을 것이다. 그리스 문명, 로마 문명 같은 지중해 지역의 고대 문명은 아프리카판이 지중해 지역의 더 작은 판들 밑으로 섭입하는 장소들에 띠를 이루어 분포한 비옥한 화산토 지역에서 발달했다. 판의 경계에서 존재하는 화산의 분출로 피해도 많지만, 다른 한편 화산 분출물에는 풍부한 광물이 함유되어 있다. 화산재의 질소, 철분 등과 흙이 자연스럽게 배합되면 물 빠짐이 좋은 만큼 배수가 잘되고 특정 농작물을 경작하는 데 이상적인 비옥한 토양을 만들어낸다. 예를 들어 와인 생산을 위해 재배되는 포도는 화산토에서 가장 잘 자란다. 커피 역시 화산토에서 특히 잘 자란다.

셋째, 판의 경계에 작용하는 변형력은 암석에 균열을 만들거나 지괴[*]를 밀어 올려 역단층의 일종인 충상 단층[**]을 만드는데, 이곳에 지하수가 솟는 샘이 생긴다. 과정은 이렇다. 지표 아래에 물을 머금고 있는 지하수면이 있는데, 수평 압력

---

[*] 지괴(地塊)는 사방이 단층으로 둘러싸인 지각의 덩어리를 말하며 지구 내부의 힘에 의해 상승, 침강, 경사운동을 하며, 그 형태가 변한다.

[**] 충상단층(衝上斷層)은 지구 내부의 수평 압력(횡압력)에 의한 판이나 지괴의 충돌 과정에서 생성된 역단층의 한 종류이다.

에 의해 단층 경계의 한쪽 지괴가 위로 올라와 오아시스 같은 웅덩이를 만들고 이곳으로 지하수가 연결되어 샘이 형성되는 것이다.

아프리카판과 아라비아판 그리고 인도판의 충돌로 접혀 올라가면서 생겨나 긴 줄을 이루어 늘어선 남유라시아의 산맥 주변에는 대개 충상 단층이 있으며, 이 지질학적 경계를 따라 육지의 무역로가 지나가는 경우가 많다. 산기슭에서 솟아나는 샘을 중심으로 곳곳에 생겨난 도시와 마을이 지나가는 상인들을 맞이했을 것이다. 이 지역에 생기는 샘들은 판이 위로 계속 밀어 올리는 힘 덕분에 산등성이 아래로 샘이 유지된다. 사실 이 샘들은 사방 수십 킬로미터 이내 지역에서 유일한 수원지이다. 건조한 육지의 오아시스인 셈이다.

판의 활동으로 생긴 단층은 생물들이 살아갈 수 있는 환경 조건을 만들어내지만, 한편으로는 큰 지진으로 숱한 생명을 죽일 수 있는 잠재력도 지니고 있다. 이 두 가지 잠재력을 지닌 판의 경계 근처 지역에서 인류가 문명을 일으켜 세웠다는 사실은 놀랍다. 또 문명이라는 것은 여전히 두 가지의 잠재력 사이에서 추의 기울기를 조절해가고 있음을 새삼 깨닫는다.

인류가 문명을 처음 세운 곳이 판의 경계 근처인 이유가 저지대 분지와 비옥한 토양 그리고 물이 있었기 때문임을 이제야 알겠다. 초기 인류가 어려운 환경을 협력적 관계를 이루

안녕, 지구의 과학

며 헤쳐 왔듯이 앞으로도 우리가 미움보다는 인류애와 상호 호의를 통해 공존해갔으면 하는 바람을 함께 가진다. 쉽지는 않겠지만 어렵지도 않은 그리고 그 모든 숱한 고됨을 극복한 인류이지 않은가.

2부

대기와 바람 그리고 물

11
온 하늘을 덮는 구름
비와 구름

'비가 온다 / 아니, 비님이 오신다 / 혹은 또 비가 온다.'

간간이 혹은 오래간만에 내리는 비는 생명을 촉촉이 적시는 반가운 비일 테고, 물보라를 일으키는 듯 쉼 없이 쏟아지는 비는 이제 그만 내려달라는 비이겠다.

어린 시절, 갑자기 굵은 빗줄기가 셀 수도 없을 만큼 내릴 때면 입을 벌려 그 빗물을 담기도 했다. 혀에 부딪히는 그 톡톡함과 단맛을 기억한다.

비를 뿌리는 하늘에는 구름이 가득하다. 그 구름이 만들어지는 원리를 교과서는 이렇게 서술하고 있다.

구름이란 따뜻한 공기와 찬 공기가 서로 만나 상호작용하면서

생성된다. 상대적으로 밀도가 가벼운 공기가 상승하면서 구름
이 생성된다.

구름은 어떻게
만들어지는가

━━━━━━━

구름은 어떤 이유든 간에 공기 덩
어리의 상승이 일어나야 한다. 상승하는 공기 덩어리는 풍선
이 하늘 높이 올라가면 기압이 낮아져 부풀어 오르듯 팽창한
다. 이때 공기 덩어리는 외부로부터 열을 받지 않고 팽창하는
데, 이를 단열팽창이라 한다. 팽창하는 과정에서 공기 덩어리
는 자체의 에너지를 소모하므로 기온은 하강하고, 기체인 수
증기 상태의 공기는 응결하여 작은 물방울이 형성된다. 이런
물방울의 집합체가 구름이다.

여기서 잠깐. 공기가 상승하면서 기온이 낮아졌다고 바로
물방울이 맺히지는 않는다. 물방울로 만들어지기 위해서는 수
증기가 어딘가에 달라붙을 매개체가 필요하다.

수업 중 자주 활동하는 단열팽창과 구름 만들기 탐구실험
을 보자.

학교에서 이 탐구실험을 하면 아이들은 신난다. 남자아이
들이라서 그런지 손힘이 다할 때까지 열심히 펌프질을 하면서
물을 담은 둥근 플라스크를 거의 깨트릴 정도로 열정적으로

기압계

공기
펌프

물

그림 11-1   단열팽창 구름 발생기

탐구실험에 임한다. 대단하다는 말밖에 달리 표현이 안 된다.

이 실험은 둥근 플라스크 안에 물을 넣고 공기 펌프를 이용해 플라스크 내부의 공기를 압축해서 A부분[•]을 누르고 있던 손가락을 떼면 공기가 급격히 A출구로 빠져나오면서 공기를 강제 상승시키는 과정이다. 하지만 이 상태로는 구름 방울이 잘 생성되지 않는다. 추가로 둥근 플라스크 안에 향연기를 주입한다. 그리고 같은 과정을 되풀이하면 상승하는 공기가 작은 물방울(구름방울)을 생성하는 것을 확연히 볼 수 있다. 이 향연기가 상승하는 수증기 상태의 공기와 달라붙어 응결을 촉

••
● 원래 실험기구의 A부분은 온도계가 꽂혀 있지만, 온도계를 빼고 대신 학생이 손가락으로 출구를 직접 막아 내부 공기의 압력을 느끼고, 손가락을 떼며 공기를 강제 상승시킬 수 있게끔 조작하게 하였다.

진시키는 응결핵 역할을 한다.

옛 선조들이 나라에 가뭄이 들었을 때 지냈던 기우제는 그냥 소원을 비는 행위가 아니라 상당히 과학적인 원리가 숨겨져 있다. 기우제는 두텁게 쌓은 나무를 태우면서 공기를 상승시키고, 나무에서 나오는 재와 먼지도 함께 상승시킨다. 이 재가 구름을 만드는 데 필요한 응결핵 역할을 하는 것이다. 이 실험 과정에서 먼지나 재와 같은 티끌은 하찮고 보잘것없는 것이 아니다. 세상의 먼지와 티끌은 상승하는 공기가 구름을 생성할 수 있게 하는 응결핵 역할을 한다. 이렇게 생성된 구름은 비를 뿌려 뭇 생명체를 살아갈 수 있게 한다. 먼지와 티끌은 지구시스템 측면에서 소중한 존재이다. 조그맣고 작은 것들의 소중함은 그것이 어떤 쓰임새로 작용하는가에 따라 이렇게 달라진다.

권층운과 난층운

다시 온 하늘을 덮는 구름에 관한 이야기로 돌아가보자. 구름은 따뜻한 공기와 찬 공기가 만나고 부딪히면서 만들어진다. 그 만남의 경계를 전선이라 한다. 한랭 전선은 찬 공기가 따뜻한 공기 쪽으로 오게 되면 찬 공기의 밀도가 크므로 따뜻한 공기를 파고든다. 따뜻한 공기는

밀려 올라간다. 급격히 상승하는 공기는 키가 큰 구름인 적란
운을 형성하고 지엽적으로 강한 비인 소나기를 뿌린다. 온난
전선은 따뜻한 공기가 찬 공기 쪽으로 이동하면서 밀도가 작
은 따뜻한 공기가 밀도가 큰 찬 공기를 파고들지 못하고 찬
공기 위로 타고 오르면서 층운형을 형성해 넓은 지역에 약하
지만 지속적인 비를 뿌린다.

교과서의 설명은 참으로 간단명료하다. 그런데 이렇게 찬
공기 덩어리와 따뜻한 공기 덩어리의 상호작용으로 만들어지
는 구름을 책으로 보는 것이 아니라 하늘을 직접 올려다보면
서 보면 어떨까. 하늘의 구름이 그렇게 단순하게 만들어질까?

구름이 온 하늘을 덮고 있다는 것은 실로 놀랍다. 얼마나
많은 공기 덩어리가 상승해 저토록 넓고 넓은 하늘을 모두 덮을
수 있을까? 책 밖에서 세상을 보면 세상은 간단하지만은 않다.

숱하게 많은 종류의 구름이 있지만, 일반적으로 구름은
상하로 쌓인 적운(積雲)형과 좌우로 넓게 펼쳐지는 층운(層雲)형
으로 분류한다. 전선을 통해 구름과 비를 설명할 때 교과서는
소나기를 뿌리는 적란운과 저 멀리 천천히 비구름이 오고 있
음을 알려주는 아주 높은 곳에서 얼음으로 존재하는 권층운,
점점 낮아지면서 날이 흐려지는 고층운 그리고 지속적인 비를
뿌리기 시작하는 난층운을 다룬다.

하지만 학생들이 책이 아닌 하늘을 보고 비를 뿌리는 구
름을 직접 보았으면 좋겠다. 그런 바람으로 하늘의 구름을 카

그림 11-2   햇무리

메라로 자주 담게 된다. 그 구름 몇 개를 펼쳐 본다.

먼저 온난 전선이 다가올 때 구름은 아주 높은 권층운이 보이다가 점점 고도가 낮은 고층운, 난층운이 나타난다. 햇무리, 달무리가 보이면 조만간 비가 올 징조라고 한다. 햇무리, 달무리는 권층운에서 나타난다. 보통 지상으로부터 5km 이상 되는 높은 곳에 존재하는 구름으로 모두 얼음 입자이다.

간혹 볕 좋은 날, 산책하다 보면 우연히 해 곁에 무지갯빛의 둥근 햇무리를 살짝 볼 수 있을 때가 있다. 햇빛과 얼음 입자로 구성된 구름이 만드는 작품이다. 과학이 밝힌 햇무리는 햇빛이 얼음 결정을 통과하면서 생긴 빛의 굴절에 의한 현상이다.

온난전선이 점점 다가오면 권층운보다 낮은 구름인 고층

운이 보이다가 흔히 비구름, 눈구름이라 불리는 난층운이 나타난다.

5월 어느 날의 난층운을 보면 저 멀리 아주 높은 건물을 휘감으며 형성되어 있다. 물론, 겨울철 오랜 시간 많은 눈을 뿌릴 때도 대부분이 난층운이다. 난층운은 소나기구름처럼 갑자기 나타나는 경우는 거의 없다. 보통 고층운이 점점 두터워지면서 난층운으로 변한다. 하늘을 오래 바라보면 살아있는 구름을 보듯이 이런 현상을 볼 수 있다. 또한, 난층운을 만드는 온난전선이 지나가면 추운 겨울에도 기온이 올라간다. 비나 눈이 온 후 기온이 올라가면 온난전선이 통과한 것이다.

쌘비구름

다음은 한랭 전선이 다가올 때 나

타나는 키가 큰 구름인 적란운을 보자. 일반적인 책에서 적란운은 쌘비구름이라고도 하며, 수직 방향으로 높게 발달해 그 높이가 무려 10km 이상까지 될 때도 있다. 하지만, 교과서에 그려진 키 큰 적란운을 한국에서는 잘 볼 수 없다.

예전에 한 달간 미국 콜로라도로 연수를 갔을 때였다. 지평선이 끝없이 펼쳐진 가운데 갑자기 저 멀리서 거대 적란운이 나타나더니 한쪽 지역으로 검은 먼지 모양의 음영이 땅으로 이어졌다. 처음에 강한 상승기류로 먼지가 올라가고 있나 생각했다. 그런데, 자세히 보니 적란운에서 강한 비가 쏟아지는 게 아닌가. 책에서만 보던 적란운을 끝없이 펼쳐진 지평선 위에서 보았다. 그 놀라운 장면은 지금도 뇌리에 선명하다. 그러나 한국은 산악지대이다 보니 지속적인 강한 상승기류를 만들지 못한다. 따라서 교과서에서 그려진 거대한 적란운을 보기란 쉽지 않다.

물론 간혹, 정말 우연히 거대 적운에서 소나기가 내리는 장면을 일상의 공간에서 만나는 경우도 있다(〈그림 11-4〉).

마치 대기과학 교재에서나 볼 수 있을 만큼 거대 적운에서 소나기 내리는 장면이 뚜렷하게 보인다. 퇴근길에 이런 풍경을 보면 그날의 피로가 금세 가신다. 아마 지구과학을 가르치고 있어서일까. 아이들에게 자랑스럽게 보여줄 장면을 구했으니, 그걸로 오늘 하루의 의미가 채워진 것이다.

온 하늘을 구름이 덮는다는 것은 실로 놀라운 일이다. 그

그림 11-4 　 한강을 건너면서 만난 거대 적운

리고 그런 구름이 성질이 다른 공기 덩어리의 만남과 부딪힘의 과정에서 일어난다는 것도 놀랍다. 세상은 이렇게 넓은데, 공기 덩어리의 출렁임이 구름을 만들어 온 세상을 덮고 비를 내려 뭇 생명을 키워내고 있다.

특별한 사건이나 이벤트가 그날을 특별하게도 하지만 사실은 평범한 일상의 이야기가 더욱 소중한 것이 인생이듯이 평상시 하늘을 보며 하늘과 구름이 그리는 예술작품을 보는 것도 평범한 오늘을 소중하게 만드는 것이리라.

어느 늦가을 해가 진 저녁, 마스크를 쓰고 집으로 가는 길가 가로등을 향해 입으로 큰 숨을 내쉬어본다. 내가 뿜은 큰 숨이 가로등 불빛 주위로 햇무리와 달무리 같은 모양을 만들어낸다. 나도 모르게 나를 위로하고 보듬어준다.

'그래, 오늘도 수고했다.'

12

균형과 불균형 사이

온대저기압과 편서풍 파동

중위도에 위치한 우리나라에 비나 눈이 오고 바람의 방향이 바뀌고 기온과 기압 등이 변하는 그 모든 날씨의 변화는 온대저기압*과 관계가 있다.

교과서는 온대저기압이 통과하는 동안 유입되는 공기 덩어리의 종류와 구름의 변화 및 기압, 기온, 풍향의 변화를 알기 쉬운 모식도로 표현한다.

온대저기압의

••
● 중위도 저기압(mid-latitude Low)이라고도 표현한다. 저기압은 규모에 따라 전선을 동반한 저기압(중위도 종관 규모 저기압)과 중규모 저기압(소나기(스콜)를 만드는 저기압)으로 구분한다.

이동

        수업에서는 정지된 그림을 움직이게 하면 학생들이 쉽게 이해할 것 같아 한글문서로 온대저기압이 지나는 길에 집을 하나 그려 놓고 온대저기압을 왼쪽(서)에서 오른쪽(동)으로 움직여본다(《그림 12-1》).

    왼쪽 위의 온대저기압 그림은 위에서 내려다본 모습이고 아래의 그림은 옆에서 본 모습이다. 이를 마우스로 지정해 편서풍이 불어 서에서 동으로 이동하듯이 움직이면 우리가 사는 집에 전선이 다가올수록 높은 구름이 점점 낮아지면서 비가 내리고 바람은 남동풍이 불어온다. 온난 전선이 통과하면 비는 그치고 따뜻한 공기가 남서풍을 타고 불어온다.

    만약 온대저기압의 형태를 그대로 유지하며 이동한다면

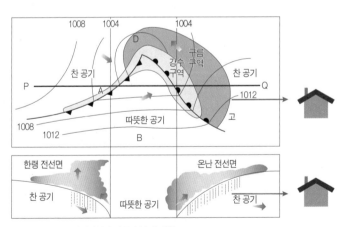

그림 12-1   온대저기압의 이동과 날씨 변화

어떻게 될까? 한랭 전선이 다가와 키가 큰 적운형 구름이 생성되어 소나기성 비를 뿌리고 바람이 다시 북서풍으로 바뀌면서 날이 추워진다. 비나 눈이 오고 난 후 기온이 오르고 내리는 것이 이와 같은 전선의 통과와 관계가 있다는 것을 설명하면 학생들이 쉽게 이해한다. 화려하고 특별한 동영상 자료가 아니라 조금은 원시적인 방법으로 그림을 조금씩 움직이면서 확인하는 수업이 시대를 따라가지 못하는 것은 아니리라. 컴퓨터 수업이 보편화되기 전에는 OHP 필름으로 이런 방법을 써왔다. 손으로 하나씩 움직이며 아이들의 눈빛을 보며 진행하던 수업이 때로는 더 효율적일 때가 많다.

설명 과정에서 바람의 방향이 남동풍에서 남서풍, 북서풍으로 바뀌는 것을 알 수 있다. 온대저기압이 지나가면서 바람의 방향이 바뀐다. 이를 적용한 사례가 어디 있을까 학생들에게 묻는다.

나관중의 『삼국지연의』에 나오는 수많은 명장면 중 '적벽대전'을 얘기한다. 제갈공명이 적벽대전에서 하늘에 제사를 지내면서 바람의 방향이 바뀌는 시점을 알고, 바람이 유리한 때를 기다려 불화살을 쏘아 조조의 군대를 크게 이긴 일화를 소개한다. 소설 속 허구일지라도 하늘을 보고 전선의 이동에 따라 바람의 방향이 바뀜을 미리 알아낸 일화는 학생들에게 신선하게 다가오는 모양이다.

온대저기압은 우리나라 날씨에 아주 중요한 영향을 미친

다. 비가 내리고 바람이 부는 것이 그냥 일어나는 현상이 아님을 온대저기압의 그림에서 알 수 있다.

균형과
불균형

한편, 지구과학Ⅱ에서는 회전 원통 장치를 통해 나타나는 지구적 현상을 탐구하는 활동이 있다(〈그림 12-2〉).

고위도의 찬 공기 덩어리와 저위도의 따뜻한 공기 덩어리가 만난다. 지구는 빠르게 자전하고 있는데, 회전하는 구체 속의 찬 공기와 따뜻한 공기가 만나면 어떤 현상이 일어나는가를 탐구하는 실험이다. 실험에서는 찬 공기와 따뜻한 공기 대신 찬 물과 따뜻한 물로 대신한다. 회전체의 중심이 북극이고, 얼음물 지역은 고위도, 가열한 물 지역은 저위도를 나타낸다.

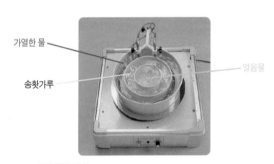

가열한 물

송홧가루

얼음물

그림 12-2　회전 원통 장치

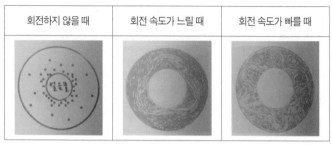

회전하지 않을 때	회전 속도가 느릴 때	회전 속도가 빠를 때

그림 12-3   회전 원통 장치 실험 결과 예시

실험을 하면 찬물은 따뜻한 물 쪽으로 내려오려 하고, 따뜻한 물은 찬물 쪽으로 올라가려 한다. 그런데 구체는 빠른 속도로 회전을 한다. 송홧가루는 어떤 운동의 모습을 보여줄까?

찬 공기와 따뜻한 공기가 만나는 영역은 출렁이듯 파동이 일어난다. 열의 수송 과정이 이렇게 파동을 일으키며 일어난 다는 것을 설명한다(《그림 12-3》).

지구 규모에서 일어나는 상공에서의 대기 운동을 설명하는 그림(《그림 12-4》)을 이어서 본다. 그림을 아주 오래 바라본다. 온대저기압이 왜 발생하는지를 근원적으로 설명하는 것이기 때문이다. 고위도의 찬 공기는 자전하는 지구의 고위도 상공에서 제트류라는 방어벽에 갇혀 안정적으로 혹은 균형을 이루며 머물러 있다가 시간이 지나면서 따뜻한 공기 쪽으로 이동하려 한다. 균형에서 불균형으로의 전환이 시작된다. 한 번 균형이 깨진 상태에서는 불균형이 가속화된다. 그러면서 파동은 더욱 뚜렷한 형태를 보이며 진행된다. 결국 찬 공기 덩어리가 분

안녕, 지구의 과학

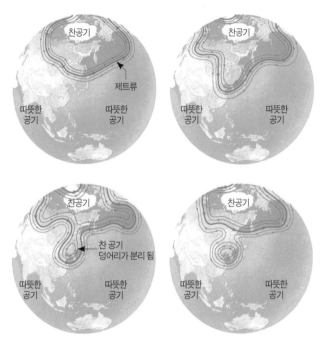

그림 12-4   편서풍 파동의 변동

리되어 따뜻한 공기 쪽으로 자신을 던진다. 불균형의 정점이다.

고위도의 찬 공기는 다시 제트류라는 방어벽에 갇혀 안정 혹은 균형을 이룬다. 찬 공기 덩어리가 따뜻한 공기 쪽으로 이동하는 것은 지구의 열수지 차이를 맞추기 위한 것이다. 이와 같은 지구 규모의 대기 순환이 일어나지 않으면 고위도는 계속 차가워질 것이고, 저위도는 계속 데워질 것이다. 이런 지구의 메커니즘 속에 열균형이 이루어진다. 지구시스템에서는 균형을 이루기 위해서 성질이 다른 것과의 섞임을 마다하지

않는다. 그와 같은 열의 불균형이 결국 새로운 열의 균형을
이룬다.

편서풍
파동

  자연의 이야기는 세상의 이야기와
맞닿는다. 균형을 안정이라 했을 때 안정을 위해서는 변화라
는 불균형이 일어나야 새로운 균형과 안정이 생긴다. 인생에
서 변화가 없다면 고인 물이 되는 것과 같은 이치이지 않을
까. 물은 굽이치고 출렁거리면서 흘러야 더 큰 강과 바다로
이어진다.

  다시 그림으로 돌아가면 이런 공기의 흐름이 서쪽에서 동
쪽으로 한 방향으로 이어지면서 상공에서의 파동을 일으키므
로 이를 편서풍 파동이라 한다.

  〈그림 12-5〉는 우리나라 날씨에 가장 큰 영향을 주는 온
대저기압과 편서풍 파동의 관계를 설명하고 있다. 이 그림을
보니 명확해진다. 중위도에서 비가 오고, 바람이 불다 그 방향
이 바뀌는 그 모든 것들을 설명하는 온대저기압에서 찬 공기
와 따뜻한 공기를 불어오게 하는 근원적인 원동력은 바로 상
층에서의 편서풍 파동이었다!

  편서풍 파동의 기압골을 중심으로 서쪽에서는 상공의 공

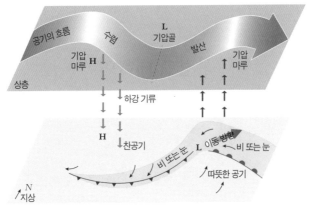

그림 12-5   편서풍 파동과 온대 저기압 관계

기가 수렴하여 지상으로 하강한다. 기압골의 동쪽에서는 상공
의 공기가 발산하여 지상으로부터 공기를 끌어올려 지상에서
저기압이 형성된다. 즉, 온대저기압이 형성된다.

　날이 맑았다가 비가 오고, 바람이 불고, 구름의 모습이 다
양하게 바뀌는 그 모든 것이 그냥 일어나는 것이 아니었다.
상공에서의 편서풍 파동이라는 운동이 지상 공기의 하강과 상
승을 끌어내며 날씨의 변화를 이끌고 있다. 날씨의 변화를 주
는 거대한 힘이 있었다. 그 힘은 균형과 불균형 사이의 몸부
림에서 탄생하였다. 균형과 불균형이 날씨와 세상의 생명을
변화시키고 있었다. 마치 냉정과 열정 사이에서 삶이 이어지듯
이 지구는 균형과 불균형 사이에서 그 모든 생명을 잇고 있다.

13

섞임에 대하여

혼합층

우리나라는 삼면이 바다로 둘러싸여 있어서 바다에 의지해 삶을 일구는 사람들이 많다. 해조류나 어류 등과 같은 바다 양식이 그렇고, 육지와 바다의 경계에서 형성되는 질 좋은 우리나라 갯벌은 단순히 조개나 낙지 등을 캐는 생업 현장뿐 아니라 콩팥이 우리 몸의 노폐물을 걸러주는 것처럼 바다로 흘러들어오는 오염 물질을 정화한다. 또한 바다는 우리나라로 불어오는 공기의 흐름을 변화시켜 날씨에 영향을 준다.

바다는 발전소와 제철소 등의 산업 현장에서도 아주 중요한 역할을 한다. 우리나라의 철강산업시설과 발전소의 위치를 보면 이 시설이 바다 근처에 있음을 쉽게 알 수 있다. 아울러 다양한 물류의 이동에 있어서 우리나라는 육지의 종착지에 위치하면서 동시에 바다를 통해 이어지는 세계를 향한 출발지이기도 하다.

이처럼 한반도의 삶과 경제 등은 바다와 이어지고, 그 이어짐은 결국 새로운 섞임의 현장이 된다.

해수면의 수온

지구과학 해양 단원의 첫 번째 내용은 해수면 수온 분포이다. 저위도는 태양의 고도가 높아 많은 태양복사에너지가 들어오기에 해수면 수온이 높고, 고위도는 태양의 고도가 낮아 해수면 수온이 낮다. 그렇다면 해양의

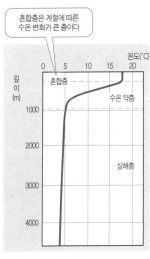

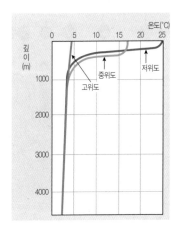

그림 13-1   혼합층

깊이에 따른 수온 변화는 어떻게 나타날까?

〈그림 13-1〉을 자세히 보면 태평양과 같은 대양에서는 수온이 일정하게 나타나는 깊이가 300미터 가까이 이어진다. 어떻게 이럴 수 있을까?

수중 생태계 다큐멘터리를 보면 깊은 곳에서 다양한 빛깔을 지닌 물고기가 이리저리 헤엄치고 다닌다. 하지만 이 영상은 조명을 쏘았을 때 물고기가 파장별로 빛을 흡수 및 반사하면서 나타나는 빛깔일 뿐이고, 조명을 쏘아주지 않으면 파란색이 지배적인 빛깔을 띠게 될 것이다. 〈그림 13-2〉에서 보는

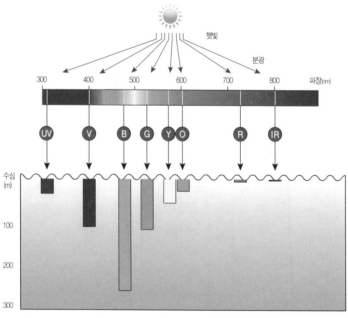

그림 13-2   해수의 파장별 흡수 깊이

안녕, 지구의 과학

것처럼 햇빛은 파장에 따라 흡수되는 깊이가 다르다. 특히, 열에너지를 전달하는 적외선과 붉은색 파장은 수심 5m만 되어도 99퍼센트가 흡수된다. 〈그림 13-2〉의 막대들은 각 파장별로 1퍼센트만 남게 되는 깊이를 나타내고 있다. 파란색 파장만이 수심 300m 가까이까지 들어간다. 그래서 바다 깊이 들어갈수록 파란색이 지배적인 색이 된다.

결국 햇빛에 의해 바다의 열이 전달되는 깊이는 약 10m 정도일 뿐이다. 그런데 혼합층은 수십 미터에서 수백 미터까지 수온이 일정하게 나타난다.

수업 시간에 동해의 계절별 혼합층 두께를 조사해보는 탐구를 한다. 여름보다는 겨울에 동해는 최소 50m까지 수온이 일정하다. 햇빛은 10m도 못가 더 이상의 열에너지를 해수면 아래로 공급하지 못하는데, 어느 깊이까지 수온을 일정하게

수심	수온(2월)	수온(8월)
0	12.8	24
-25	12.8	24
-50	12.8	7.6
-100	9.9	3
-150	3.3	1.4
-200	1.7	1.1
-250	1.1	0.9
-300	0.9	0.8
-350		
-400	0.6	0.5

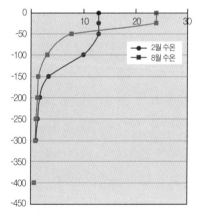

그림 13-3　　동해의 수온 연직 분포. 출처: 국립수산과학원

유지하는 원동력은 무엇일까? 바로 바람이다.

바람이 불어 윗물과 아랫물을 섞어줌으로써 에너지를 전달한다. 그리하여 햇빛이 도달하지 못하는 깊이까지 수온이 일정하게 나타난다. 바람이 많은 부는 겨울철이 여름철보다 혼합층의 깊이는 더 깊어진다. 아하! 섞임으로써 에너지를 전달하고, 이런 전달이 에너지의 균형을 이루게 하는구나. 섞여야 그 깊이만큼 균형을 이룬다.

태풍, 섞임, 정화

섞임이 생태계를 정화하는 예도 있다. 〈그림 13-4〉은 2006년 우리나라에 많은 비와 피해를 줬던 에위니아 태풍이 착륙한 시점이다.

그림을 보면 태풍이 통과할 때 혼합층 내 수온이 떨어지는 것으로 나타난다. 이는 주로 강한 바람 응력에 의한 난류성 혼합이 활발해지면서 혼합층이 두꺼워지는 것과 연관되어 있다. 또한, 강한 바람에 의한 수직혼합 과정 외에 증발에 의한 열의 손실에 의해 영향을 받기도 한다. 다양한 원인이 있겠지만 태풍이 지나면서 해수층의 상하는 심하게 오르내리며 섞이고 이런 과정에서 적조 같은 현상도 해결되면서 해양 생태계는 정화된다. 큰 바람을 동반하는 태풍이 해양 생태계를

안녕, 지구의 과학

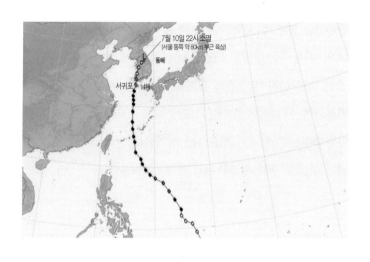

| 마라도 | ∨ | 수온 | ∨ | 2006 ∨ 년 | 7 ∨ 월 | 5 ∨ 일부터 | 15 ∨ 일간 |

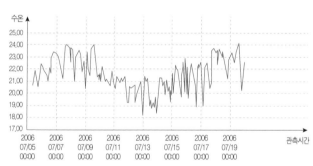

그림 13-4 태풍 에위니아 진로도(위), 에위니아가 마라도를 지날 때 나타난 수온 변화 (아래) 출처: 기상청

정화하는 것은 마치 쟁기로 겨울철 내내 얼었던 논을 갈아엎어 땅에 새로운 생명의 터전을 마련해주는 것과 같다.

그래서인지 혼합층의 깊이를 통해 섞임의 힘을 읽고, 그러한 섞임이 에너지의 배분과 관련되고 새로운 균형의 기회를 마련해주는 것일지도 모른다는 생각을 해본다. 어찌 보면 우리는 섞임을 통해 새로워지고 함께 깊어진다.

14

바람과 물의 흐름

에크만수송

〈물 따라 나도 가면서〉라는 노래가 있다.

'흘러 흘러서 물은 어디로 가나. 물 따라 나도 가면서 물에게 물어본다. 건듯건듯 동풍이 불어 새봄을 맞이했으니. 졸졸졸 시내로 흘러 조약돌을 적시고, 겨우내 낀 개구쟁이의 발때를 벗기러 가자….'

노래를 들을수록 아련한 옛 시절이 떠오르고, 노래의 가사가 지구시스템 '물의 순환'과 맞아떨어진다는 생각을 자주 했다. 계곡에서 시작한 물은 시냇물이 되었다가 강으로 바다로 흘러간다. 시냇물과 강물은 땅의 곡선에 따라 흘러간다. 이렇게 모인 물은 대양을 채울 텐데 해류는 어떤 힘으로 그리고 어떻게 흐를까?

바람의 방향과는
다른 물의 흐름

———————

　　　　해류에 대한 수업은 표층 해류에서 시작한다. 〈그림 14-1〉을 보자. 바람이 일정하게 불면 바람과 해수면의 마찰에 의해 표면 해수가 이동한다. 하지만 표면의 해수는 바람이 부는 방향으로 이동하지 않는다.

　바람이 부는 대로 표면의 해수가 이동하지 않는 현상을 제일 먼저 인식한 사람은 프리티오프 난센(Fridtjof Nansen)이었다. 북극을 탐험하던 노르웨이 탐험가 난센은 해수면 위에 떠 있는 빙산과 배들이 풍향의 오른쪽 20°~40°로 움직이는 것을 처음으로 발견하였다. 그 후 스웨덴의 에크만은 난센의 관측 사실을 지구 자전 효과인 전향력과 연관지어 '에크만 나선' 및 '에크만 수송'을 발표하였다. 그에 따르면 북반구의 경우, 표면의 해수는 풍향의 오른쪽 45°로 이동한다.

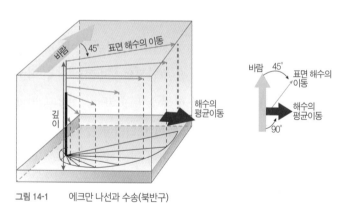

그림 14-1　　에크만 나선과 수송(북반구)

난센이 이런 현상을 인식할 수 있었던 것은 탐험하면서 매일 지겹도록 보고 경험했던 장면 덕분이었을 것이다. 모든 것의 시작은 문제를 인식하는 것이고, 그 문제를 인식하는 것은 자신이 경험하는 곳에서 천천히 혹은 갑작스럽게 일어난다. 어쩌면 모든 위대한 발견의 시작은 자신이 발 딛고 있는 자리에서 그 어떤 현상들과 대화를 하면서부터일 것이다.

해수가 바람이 부는 방향대로 가지 않는 이유를 설명한 에크만의 그림을 본다. 바람이 일정한 방향으로 오랫동안 불 때 공기와 표면 해수의 마찰에 의해 바닷물이 움직이는데 바람이 휙 지나가더라도 바닷물까지 같은 속도로 흘러가지는 못한다. 표면의 해수가 조금씩 조금씩 바람이 가는 방향으로 움직이지만 그사이에 지구가 자전을 함으로써 바람 부는 방향의 오른쪽으로 움직이는 것이다.

표면의 해수가 움직이면 그 아래에 있는 해수도 연결되어 있어 같이 끌려가지만, 끌고 가는 힘은 작아지고 해수의 이동 방향은 더 오른쪽으로 향하게 된다.

이러한 운동이 계속 아래로 전달되어 해수가 이동하는 형태는 나선형을 이루게 되고, 어느 깊이에 도달하면 해수의 이동 방향이 표면 해수의 이동 방향과 반대 방향이 된다. 이 깊이까지의 해수 이동 세기와 방향의 벡터값을 모두 더하면 해수의 이동은 북반구에서는 표면 바람 방향의 오른쪽 $90°$ 방향으로, 남반구에서는 표면 바람 방향의 왼쪽 $90°$ 방향으로 나타난다. 이를 에크만 수송이라 한다.

에크만 수송과
전향력

     북반구에서는 왜 오른쪽으로 에크만 수송이 일어날까? 지구의 자전은 서에서 동으로 회전하므로 지구의 운동하는 물체는 직선으로 이동하지만 지상에 있는 우리가 보기에는 오른쪽으로 움직이는 것처럼 보인다. 자전하는 지구 안에서 운동하는 물체에 작용하는 가상적인 힘인 전향력(轉向力) 때문이다. 전향력은 말 그대로 방향을 바꾸는 힘이란 뜻이다.

    일반적인 전향력 실험장치를 통해 전향력이 무엇인지 알아보자. 구슬이 위치한 가운데 지점은 극지방이다. 극지방에서 적도 지방의 어떤 지점으로 물체를 직선으로 쏘아 보내면 지구 바깥에서 보면 직선으로 물체는 이동하지만, 지구 안에서 그 물체를 보면 목표 지점보다 오른쪽으로 휘어서 이동한다. 실제로 물체가 휘어서 이동한 것은 아니다.

그림 14-2　　전향력 실험장치

물체가 이동하는 동안 지구가 시계 반대 방향으로 자전을 하기에 그렇게 보일 뿐이다. 이처럼 방향을 휘게 하는 것처럼 보이는 힘이 전향력이다. 북반구에서 전향력은 운동하는 물체의 오른쪽 90° 방향으로 작용한다.

다시 바람과 표면 해수의 이야기로 돌아가 보자. 에크만에 의해 정리된 지속적인 바람과 표면 해수의 마찰로 흐르는 물의 방향은 시냇물과 강물처럼 땅의 곡선을 따라 흐르는 방향과는 다르다. 바닷물이 흐르는 길은 바람이 안내한다. 바람이 곧 길이다. 그런데 일정하게 부는 바람대로 표면 해수는 흐르지 않는다.

표층의 해수가 바람 부는 대로 흐르면 어떻게 될까? 동쪽으로 부는 바람이 갑자기 서쪽으로 바뀌면 해수도 동쪽을 흐르던 해수와 서쪽으로 흐르려는 해수가 부딪혀 큰 파도가 일 것이고, 이는 해양 생태계뿐 아니라 인간 세상에도 큰 영향을 미칠 것이다.

하지만, 바람이 부는 대로 가고는 싶으나 그 방향대로 가지 않고 이동하는 표층 해수는 느리지만 조금씩 조금씩 해수의 물을 이동시킨다. 그리고 이 거대한 해수의 이동은 해수면의 높이차를 만들고, 이로 인해 다른 힘들이 작용하여 결국은 바람 가는 대로 지구 규모의 표층 해류가 만들어진다. 처음엔 바람 부는 방향대로 가지는 않았지만, 그것이 해수면의 높이 차이를 만들고 그 차이를 해소하기 위해 여러 힘이 작용해 결

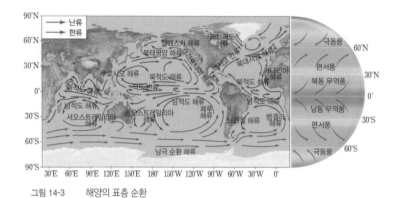

그림 14-3   해양의 표층 순환

국은 바람의 길대로 표층 해류는 흐른다. 이 힘은 지형류로 설명이 된다. 지형류에 대해서는 다음 장에서 다루기로 하자.

바람과 해수가 흐르는 길을 보면서 학교 아이들의 바람과 길을 생각해 볼 때가 있다. 한번은 학교에서 시험을 보는 아이들을 뒤에서 바라보니 겉옷 뒷면에 인쇄된 이런 저런 문장들이 눈에 들어온다.

이 아이들의 뒷모습을 나중에 수첩에 그리다 보면 우리네 인생의 길이 겹쳐지기도 한다. 한 아이의 겉옷 뒷면에는 'SOME THINGS TAKE TIME'(시간이 걸리는 것들이 있어)이라는 글이 있고, 또 다른 아이의 겉옷 뒷면에는 'THIS IS NEVER THAT!'(이건 그게 아니라고!)이라는 글이 있다. 아이들이 하고 싶은 이야기를 적은 듯하다.

살다보면 바람대로 되지 않을 수도 있지만, 자신이 꿈꾸는 어떤 바람을 가지고 밀고나가다 보면 우리네 인생은 자신

안녕, 지구의 과학

의 바람대로 흐를 수 있지 않을까. 몰래 이 아이들을 응원하게 된다. 부는 바람과 바라는 바람 사이에서 살아가는 것을 조금 긴 숨으로 이해하고 버티고 헤쳐 나가자는 다짐을 하는 이유가 여기에 있다.

15

움직여서 균형을 맞추다

지형류와 지균풍

해수를 움직이는 힘을 시작하기에 앞서 교과서는 '생각 열기' 형태로 물이 이동하는 기본적인 원리를 안내한다. 책은 그림을 하나 제시한다. 그림에는 물을 채울 수 있는 두 개의 둥근 플라스크가 수직으로 서 있고, 아랫부분에 두 플라스크를 연결하는 작은 관이 있다. 그러고는 누구나 답할 수 있는 물음을 던진다. '만약 두 물기둥에 담긴 물의 높이가 다르면 어떻게 될까?'

물을 움직이게 하는 것은 결국 수면의 높이차로 인해 발생하는 수압차이다. 바다의 물인 해수는 해수면의 경사가 생김으로써 발생하는 수압차로 인해 운동을 시작한다. 바람이나 수온 차이로 해수면에 경사가 생기면 해수면이 높은 곳에서

안녕, 지구의 과학

낮은 곳으로 수평 방향의 수압 차이가 생기는데, 이러한 수압 차이로 생긴 힘인 수평 수압 경도력이 해수를 움직이는 근원적인 힘이다.

해수를 움직이는 힘

물론 해수와 대기를 움직이는 또 다른 힘, 전향력도 있다. 지구 자전에 의해 파생된 가상의 힘인 전향력은 북반구에서는 운동하는 물체의 오른쪽으로 작용하고, 남반구에서는 왼쪽으로 작용한다.

앞 장에서 이야기한 것처럼 바람과 표면 해수의 마찰에 의해 표층의 해수가 이동하지만 바람 부는 대로 가지 않고 전향력으로 인해 북반구에서는 일정하게 부는 바람 방향의 오른쪽 90°로 해수는 이동한다. 그런데, 이렇게 이동한 표층의 해

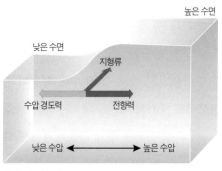

그림 15-1   지형류 발생 모식도

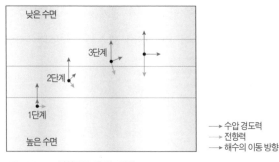

낮은 수면

3단계

2단계

1단계

높은 수면

→ 수압 경도력
→ 전향력
→ 해수의 이동 방향

그림 15-2   지형류가 생기는 과정

수는 어느 해역의 해수면을 높게 한다. 그러면 어떤 일이 벌어질까?

표층 해수의 이동 결과로 한쪽은 해수면이 높아지고, 다른 한쪽은 해수면이 낮아진다. 이때 해수면 높이차로 인해 해수면이 높은 곳에서 낮은 곳으로 수평 수압 경도력이 작용한다. 해수는 수평 수압 경도력에 의해 수압이 높은 해수면에서 수압이 낮은 해수면으로 움직이기 시작한다. 이때 움직이는 유체에는 또 다른 힘인 전향력이 힘을 발휘하기 시작한다. 해수는 수평 수압 경도력이 작용한 방향으로 움직임과 동시에 이동 방향의 오른쪽 90°로 전향력이 작용한다. 전향력은 운동하는 물체의 속도가 클수록, 위도가 높을수록 커진다. 수압차 경사도인 수평 수압 경도력은 일정한데, 해수의 이동 속도가 증가하면 전향력도 증가해 북반구의 해수는 점점 더 오른쪽으로 휘어지고 결국에는 수평 수압 경도력과 전향력이 같아져 일정한 방향으로 해수가 움직인다.

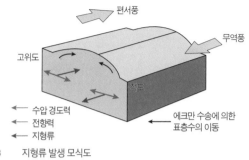

편서풍

무역풍

고위도

수압 경도력

전향력

지형류

에크만 수송에 의한
표층수의 이동

적도

그림 15-3   지형류 발생 모식도

지형류

　　　　　　　　　　　북반구 아열대 해양에서의 바람에
따른 에크만 수송을 살펴보자. 적도에서 중위도 사이는 동쪽
에서 서쪽으로 부는 무역풍이, 중위도와 고위도 사이에서는
서쪽에서 동쪽으로 부는 편서풍이 분다. 우리가 속한 중위도
를 보자. 바람과의 마찰로 인해 표층 해수는 오른쪽 90°로 이
동하면서 해수면의 높이차가 발생해 30°N 해역은 해수면이
높아지고, 60°N 해역은 해수면이 낮아진다. 이 높이차가 수평
수압 경도력을 발생시키고, 해수가 이동하면 전향력이 함께
작용해 지형류는 서쪽에서 동쪽으로 이동한다. 해수가 움직이
는 방향이 결국은 바람이 부는 방향이다!

　　이런 해수의 흐름을 지형류라 한다. 지형류의 한자를 찾
아본다. 地衡流. 땅 혹은 지구의 균형을 맞추는 흐름이란 뜻이
다! 한자 그대로 해석하자면 바람대로 흐르지 않던 표면의 해

류가 해수면의 수압차라는 불균형을 유발하였고, 이 불균형은 수평 수압 경도력과 전향력을 일으켜 두 힘이 평형을 이루면 결국에는 바람의 방향대로 흘러가 땅의 균형을 맞추게 하는 해류란 뜻으로 읽힌다.

불균형은 새로운 힘을 일으키고 그 힘들이 서로 작용하다가 결국은 균형을 이루게 된다는 것. 불균형과 균형 사이의 조화로운 상호 작용이다. 그 조화로움 덕분에 지구 혹은 땅의 사람들은 살아간다. 이렇게 해석하면 너무 확장해 해석한 것은 아닐까도 싶지만 말이다.

지균풍

불균형으로 인한 힘의 생성과 그 힘들의 균형으로 나타나는 현상은 대기에도 있다. 바로 지균풍(地均風)이다. 이 역시 기압경도력과 전향력이 균형이 이룰 때 부는 상공의 바람이다. 두 힘의 균형이 땅의 균형을 맞추게 하는 바람으로 읽을 수 있다. 지균풍은 마찰력이 거의 없는 고도 1㎞ 이상의 자유 대기에서 나타나는 바람이다. 이 바람의 형성 과정은 지형류와 같은 원리로 설명할 수 있다.

수압 대신 대기 상공에서의 기압차로 인해 기압경도력이 발생하고, 이 힘으로 대기가 움직이기 시작하면 동시에 전향력이 작용한다. 대기의 이동 속도가 증가하면 전향력은 더욱

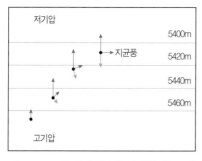

그림 15-4   지균풍이 생성되는 과정(북반구. 고도는 500hPa 상층일기도에 표시된 등고선이다)

커지고 결국은 기압경도력과 전향력이 같아져 일정한 방향으로 대기가 이동한다. 이 대기의 흐름이 지균풍이다. 불균형으로 인한 차이로 힘이 생겨나고 이 힘으로 인해 다른 힘이 나타나 두 힘이 균형을 이루면 부는 바람. 이 바람이 땅의 균형을 이룬다. 그래서 지균풍이다.

　지형류와 지균풍이란 유체의 흐름 원리를 세상살이에도 확장해서 생각할 수 있을까? 세상은 고여 있지 않으니 어쩔 수 없이 출렁이고 부대끼면서 변화라는 불균형에 대면할 수밖에 없다. 하지만 그 불균형으로 우리 안의 또 다른 힘들이 생겨나 상호작용하면서 새로운 균형의 단계로 나아가면서 삶은 이어진다. 지형류와 지균풍이 형성되는 과정으로부터 우리의 세상살이에 대한 단상을 살짝 붙여 본다.

3부

하늘과 우주

16

하늘의 별, 땅의 별

천문학의 시작

천문학에서 천문(天文)의 뜻은 무엇일까? 하늘 천(天), 글월 또는 무늬 문(文)이니 하늘의 형상을 글로 표현하는 것 혹은 하늘의 무늬를 연구한다는 뜻이다. 하늘의 형상과 무늬를 알아가는 것은 우리의 눈 혹은 천체 망원경을 하늘로 향해 바라보는 것에서 시작한다. 망원경을 통해 바라보는 방법은 디지털로 세상이 바뀌는 추세에 맞춰 교육과정도 조금씩 변하는 측면이 있다. 과거에는 망원경을 이용해 직접 천체를 관측하는 내용이 중요하게 서술되었다면, 최근의 교육과정에서는 컴퓨터를 이용해 천체 사진을 분석하고 연구하는 측면이 부각되고 있다.

밤하늘을 바라보면서 연구하는 것과 밤하늘의 관측자료를 컴퓨터로 보고 분석해 연구하는 것 둘 다 지향하는 바는

같겠지만, 개인적인 생각으로 천문학에 대한 접근은 모니터 화면 대신 눈으로 직접 보고 느끼는 것이 더 나은 것 같아 아쉬움이 든다. 그래서 교과서의 천문학 단원을 시작할 때면 우리 눈으로 직접 하늘을 바라보고 별을 찾는 방법을 알려준다. 최소한 밤하늘의 동서남북 방향이라도 알아야 해와 달, 별이 어디에서 뜨고 어디로 지는지를 알 수 있으니 말이다.

밤하늘을 보는 방법

언젠가 중국 윈난의 호도협 차마객잔에서 열흘 넘게 머문 적이 있다. 객잔 주인 허따거는 젊었을 적 마방(馬房)을 하며 차마고도(茶馬古道)로 물건을 싣고 나르며 생계를 꾸렸다고 한다. 결혼하고 아이를 낳고 좋은 인연의 사람을 만나 가난한 산골 마을에 작은 숙박시설인 객잔을 열었는데 이제는 그 규모가 커지고 꽤 유명해졌다. 머문 내내 그들과 함께 식사하고, 이야기를 나누었다. 객잔의 형수님은 매우 총명해 한국 나그네가 김치 담그는 걸 눈여겨보더니 자신이 직접 김치를 만들기도 했다. 한번은 저녁을 먹고 난 뒤 수유차를 마시며 밤하늘을 바라보는데 형수님이 옆에 와서 뭘 그렇게 보고 있냐고 물었다. 객잔 앞 설산은 남쪽이었다. 남쪽 하늘에 오리온 별자리가 있고, 그 왼쪽 아래에 지구상에서 태양 다음으로 밤하늘에서 가장 밝게 보이는 별이 있다. 바로 시리우스라고 하는 별인데, 지금 그 별을 보고 있다고 대답하니 형수님이 '시리우스, 시리우스'라고 몇 번을 되뇌고 외우던 모습이 지금도 생생하다. 영어 반 중국어 반으로 나눈 대화였다.

내가 가르치는 아이들도 하늘을 자주 봤으면 좋겠다. 하늘을 보며 동서남북을 가늠할 정도는 되고, 별이 뜨고 지는 모습을 바라보고 또 북극성이 언제나 그곳에 있을지도 생각해봤으면 좋겠다. 천문학 시간이 되면 아이들에게 먼저 북극성 찾는 법을 다시 알려주는 이유다. 물론 초등학교, 중학교 때 이미 배워 알고 있을 수도 있겠지만 말이다.

별자리 프로그램 스타리나이트(Starrynight) 등을 이용하면 지구의 자전축을 연장해 만날 수 있는 북극성과 그 주변을 일

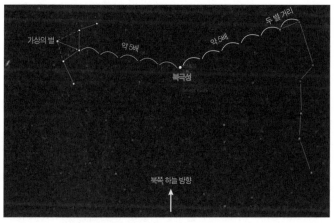

그림 16-1   하늘에서 북쪽을 찾는 방법

주운동 하는 별자리를 쉽게 볼 수 있다. 북쪽을 찾는 가장 손쉬운 방법은 북극성을 찾는 것이다.

누구에게나 익숙한 북두칠성을 찾고, 국자 모양의 북두칠성을 이루는 맨 앞 두 별의 거리를 5배 연장해 만나는 별이 북극성이다. 그런데, 북두칠성이 지형에 가려서 잘 보이지 않는다면 어떻게 북극성을 찾을 수 있을까? 북극성을 사이에 두고 북두칠성 반대편에는 W 모양의 카시오페이아 별자리가 있다. W 모양을 이루는 양쪽 앞 별을 뒤쪽으로 연장해 가상의 점을 찍고 W의 가운데 별자리 사이의 거리를 역시 5배 연장해보면 만나는 별이 있다. 이 별이 북쪽을 가리키는 북극성이다. 더구나 카시오페이아 별자리 뒤쪽에는 우리 은하보다 더 큰 은하가 살짝 보인다. 그리스 로마 신화에서 카시오페이아의 딸 이름이 들어있는 안드로메다은하이다. 사실 안드로메다은하는 빛 공해가 적은 산골 등에서 쌍안경으로 봐도 보인다. 군이 큰 망원경 없이도 쌍안경으로도 하늘의 이야기를 보고 그려볼 수 있다.

이제 북쪽을 찾았으니 동서남북을 표시하는 방법을 알아야겠다. 별의 일주운동 궤적을 보여주고 '이 그림에서 별은 동서남북 중 어느쪽 하늘일까, 그리고 별은 지금 뜨는 중일까? 지는 중일까?'라고 묻는다. 아이들은 아무렇게나 동서남북 중 하나를 던지듯 말한다.

안녕, 지구의 과학

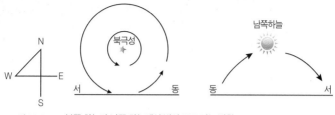

그림 16-2   북쪽 하늘과 남쪽 하늘에서 별이 뜨고 지는 방향

　지구는 서에서 동으로 자전을 하지만 우리는 지구가 자전하고 있다는 것을 느끼지 못하기 때문에 태양이나 달, 하늘의 모든 천체가 동에서 서로 움직이는 것처럼 보인다. 이 운동을 종이 지면에 그려보면 북쪽 하늘은 우리에게 익숙한 왼편이 서쪽, 오른편이 동쪽이 된다. 그렇다면 북극성이 아니라 태양이나 달을 보려면 북쪽이 아닌 남쪽으로 몸을 180° 돌려야 한다. 이렇게 몸을 돌리면 북쪽을 바라보았을 때 몸의 오른편이 동쪽이었는데, 뒤돌아 남쪽을 바라보면 몸의 오른편은 서쪽이 된다. 다시 말해 북쪽 하늘을 그릴 때는 양쪽 지평선의 왼쪽이 서쪽, 오른쪽이 동쪽이다. 남쪽 하늘을 그릴 때는 양쪽 지평선의 왼쪽이 동쪽, 오른쪽이 서쪽이 된다. 바라보는 방향이 다르면 동서는 변함이 없지만 표시하는 위치가 달라진다. 하지만 모든 천체가 동쪽에서 떠서 서쪽으로 지는 것처럼 보이는 것은 변함없다. 북쪽 하늘이나 남쪽 하늘을 바라볼 때도 동쪽 하늘에서의 별은 오른쪽 위로 솟아오르며 뜨고, 서쪽 하늘에서의 별은 오른쪽 아래로 진다.

그림 16-3 　　　 북쪽 하늘 별의 일주운동. 첨성대ⓒ권오철

그림 16-4   남쪽 하늘 별의 일주운동. 거제도 홍포ⓒ권오철

아이들에게 북극성을 찾고 별이 뜨고 지는 방향과 움직임을 설명하면서 천문학 수업의 첫시간을 연다. 이를 통해 내가 전하고 싶은 것은 무엇일까?

하늘의 무늬와 이야기를 들으려면 먼저 바라볼 수 있어야 하고, 동서남북 방향을 알고 보면 하늘의 운행을 제대로 볼 수 있다. 그 방향키가 북극성이다. 인간 세상사도 그렇지 않을까? 사람과 사람 사이의 관계는 일방적으로 먼저 말하기보다 그의 말과 표정을 보고 읽고 들을 수 있어야 한다. 인간사에서 북극성과 같은 방향키는 시대의 큰 사람(거인)일 것이다. 별과 같은 큰 사람을 통해 세상과 삶의 이야기를 듣고 깨우칠 수 있으면 우리도 그 시대를 제대로 살아갈 수 있지 않을까?

지상의 별

별은 하늘에만 있는 것이 아니라 우리가 사는 땅에도 별이 있지는 않을까? 별을 보고, 그 별 이야기를 생각하면 언제부턴가 『내 영혼이 따뜻했던 날들』이란 책이 떠오른다. 인디언 마을과 그 가족 이야기가 잔잔하면서도 따사한 햇살처럼 마음을 적셨던 기억 때문이다.

인디언의 이야기는 국외 연수차 미국의 콜로라도에 갔던 경험에서 더욱 짙어진다. 끝없이 펼쳐진 지평선을 처음 접했을 때의 그 놀라운 풍경이란! 하지만, 며칠 지나니 내 눈이 가 닿을 곳이 없다는 경험은 우리네 산의 옹기종기함을 더욱 그 립게 하였다. 당시 우리는 미국인 노교수와 지질 답사를 갔는 데, 그 교수는 콜로라도강을 지나 옆으로 이어진 들판에 의연 히 서 있는 큰 나무 그늘로 우리를 데리고 갔다. 그리고 노교 수는 나무와 인디언의 이야기를 시작했다. 마치 사랑하는 가 족에게 하듯 다정하고 깊은 목소리로.

"인디언은 자신이 죽으면 바로 하늘로 올라가지 않는답니 다. 인디언의 혼은 이 나뭇가지에 스며 있으면서 우리 자손들 이 무탈하게 잘 지내게 도와주고 지켜봐준다지요. 자손들이 이제 자연과 이웃끼리 잘 지내겠구나 하고 안심이 되면 비로 소 하늘로 올라가 별이 된다고 합니다. 그래서 그의 혼이 머물던 나뭇가지를 꺾어보면 이렇게 별이 보인답니다. 보 이나요?"

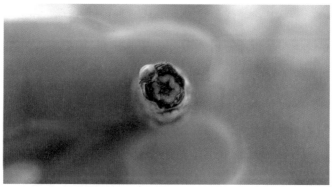

그림 16-5   나뭇가지에 스며 있는 인디언의 별

그림 16-6   별은 담고 있는 꽃

　참 아름답고 고운 이야기다. 그 이야기를 자손 대대로 이어서 전해주는 나뭇가지의 별도 참으로 아름답고 곱다. 이보다 더 인간을 지켜주고 감싸주는 별이 있을까?

　그 이후부터인가 나무는 나의 벗이고, 스승이 되었다. 그리고 언제부턴가 나무의 꽃잎 속에서 별을 보게 되었다.

　활짝 핀 벚꽃을 자세히 보면 그 안에 별이 담겨 있다(《그림 16-6》). 지금도 만개한 벚꽃을 바라보면 인디언의 별이 떠오른다. 벚꽃은 필 때가 좋지만, 질 때도 아름답다. 모든 꽃이 다 나름의 이유 때문에 피고 질 리는 없겠지만, 사람인 우리는 각자의 이유로 그 꽃을 통해 서로 만나고 무언가를 떠올리고 땅을 보고 하늘을 본다. 별은 물리적 천체로만 머물지 않고 어두운 밤하늘의 한 줄기 희망처럼 혹은 벗처럼 머물기에 하늘의 무늬를 드러내는 학문에서 주인공으로 존재한다.

17

빛이 중력을 뚫고 나오기까지

태양

태양은 별이다. 해라고 하는 태양을 별이라고 하면 조금 멀게 느껴지는 듯도 하다. 별은 스타(Star)라고 한다. 스타는 핵융합 반응을 통해 스스로 빛 에너지를 생산할 수 있는 천체이다. 원시 성운 단계에서 중력 수축에 의해 중심부의 온도가 올라가 적외선의 빛이 나오기도 하지만, 이때는 전주계열 단계의 원시별일 뿐이다. 원시별의 중력 수축 과정에서 중심부의 온도가 1000만 K 이상이 되면 수소 핵융합 반응이 가능해 스스로 빛 에너지를 만들 수 있다. 별의 일생 대부분을 보내는 주계열(main sequence) 단계로 접어드는 시점이다. 이 단계는 수소 핵융합 반응으로 내부 온도가 상승하여 기체압이 커지고, 이 힘이 중력과 평형을 이루게 되어 별의 크기가 일정하게 유지

된다. 주계열 단계에 있는 별 중 하나가 태양이다.

태양

태양은 맨눈으로 보기에는 너무 밝고 따갑게 이글거린다. 하지만, 태양은 지구상의 모든 생명체가 살아가는 데 결정적인 역할을 한다. 비가 내리고, 바람이 불고, 밀물과 썰물이 일어나고, 식물이 자라고, 사람이 숨을 쉬고 세포를 활성화하는 등의 그 모든 생명 활동의 근원이 되는 에너지를 우리는 태양으로부터 받고 있다.

햇빛에 반사되어 우리 눈에 들어오는 길의 빛깔은 계절마다 다른 결로 느껴진다. 봄에는 따스함의 결, 여름에는 살이 익을 정도의 뜨거운 결, 가을에는 나무 잔가지에서도 비치는 따가운 결 그리고 겨울에는 마른 길바닥에서 반사되는 오는 빛이 마치 은갈치 비늘 색 같은 결로 다가오기도 한다. 햇빛이 다가오는 느낌도 다양하지만, 태양을 다양한 파장으로 바라보면 태양은 그냥 하나의 모습을 보여주지 않는다(〈그림 17-1〉).

파장대에 따라 다양한 태양의 모습이 관측된다는 것이 놀랍다. 하나의 태양을 다양한 파장대로 관측한다는 것은 해당 파장대에서 얻을 수 있는 태양의 활동에 대한 정보가 다르기 때문이다. 어쩌면 우리가 어떤 대상을 오랫동안 잘 보고 조금

안녕, 지구의 과학

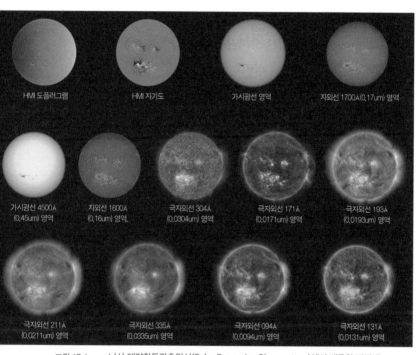

그림 17-1　　나사 태양활동관측위성(Solar Dynamics Observatory)에서 제공한 파장대에 따른 다양한 태양의 모습.　출처: 나사

　　나사의 태양활동관측위성이 관측한 각 파장은 태양 대기 주위에서 태양 물질이 어떻게 움직이는지 관찰하는 AIA(Atmospheric Imaging Assembly)와 태양 표면의 움직임과 자기 특성에 초점을 맞춘 태양 지진 및 자기를 관찰하는 HMI(Helioseismic and Magnetic Imager)라는 두 가지 장비를 활용하여 관측한 것이다.

은 다른 시각에서 바라보면 그 대상을 훨씬 잘 이해하는 것과 같은 이치이리라.

태양의 활동을 이해하는 것은 지구와 지구의 생명체를 보호하고 변화에 대비하는 한 방법이다. 흑점이 많아지거나 적어지는 혹은 플레어가 강해지거나 약해지는 등의 변화는 태양에서 지구로 오는 태양풍과 우주선을 포함하는 빛 에너지의 변화를 일으켜 지구 자기장과 대기권에 영향을 준다. 장기적인 태양 활동의 변화가 지구의 기후 변화에 영향을 미친다는 것은 자명하다.

최초의
빛

언제나 그곳에 있어서 그 고마움을 모르는 존재일 수도 있지만, 태양은 항상 하늘에서 우리를 비추고 있다. 태양이 우리에게 주는 최초의 빛이 어떤 모습일지 갑자기 궁금해졌다. 태양으로부터 지구까지 빛 에너지가 오는 시간이 약 8분 20초 정도이다. 그렇다면 태양의 중심에서 생성된 빛이 태양표면 밖으로 나오는 데 걸리는 시간은 얼마일까? 또, 태양이 내는 빛이 처음부터 지구에서 받는 빛의 대부분을 차지하는 가시광선과 자외선, 적외선이었을까?

교과서에 나오는 태양의 내부 구조를 설명하는 부분을 보

안녕, 지구의 과학

면 다음과 같다. 지구의 반지름이 약 6,400㎞이고, 태양 중심부 핵의 크기가 약 2×18만㎞이므로, 태양의 핵에는 지구가 약 30개 들어갈 수 있다. 상당히 큰 것이다. 그 태양의 중심부 온도는 약 1500만 K로 추정된다. 표면의 온도 약 5700K에 비하면 엄청나게 높다. 또한, 태양의 평균 밀도는 1.408g/㎤으로 지구의 0.255배이지만, 태양 중심부의 밀도는 162.2g/㎤으로 지구의 12.4배나 된다.

밀도가 높다는 것은 압력이 높다는 뜻이다. 태양 중심부의 압력은 수천억 기압에 달한다고 추정된다. 이와 같은 고온·고압 상태에서 물질은 전자가 원자핵에서 떨어지는 플라스마 상태가 된다. 이 원자핵들은 높은 온도로 인해 매우 빠른 속도로 날아다니며 서로 충돌하면서도, 엄청난 압력으로 인해 합쳐지는 핵융합 반응을 일으킨다. 태양의 핵에서는 4개의 수소 원자핵이 융합하여 헬륨 원자핵으로 변환되는데, 이때 생긴 질량 손실에 해당하는 양의 에너지가 감마(γ)선의 형태로 방출된다.

$$4^1_1H \longrightarrow {}^4_2He + (\Delta mc^2)$$

(=Δmc^2: 방사선 감마선의 형태로 방출)

수소 원자량: 1.00794   4H: 4.03176
헬륨 원자량: 4.00260 Δm: 0.02916

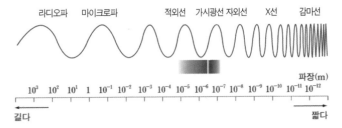

라디오파 　마이크로파 　　　　적외선 가시광선 자외선 　　X선 　　감마선

파장(m)

10^3 10^2 10^1 1 10^{-1} 10^{-2} 10^{-3} 10^{-4} 10^{-5} 10^{-6} 10^{-7} 10^{-8} 10^{-9} 10^{-10} 10^{-11} 10^{-12}

길다 　　　　　　　　　　　　　　　　　　　　　짧다

그림 17-2 　　　전자기파 종류. 전자기파 중 가장 짧은 파장 영역이 감마선이다. 그 감마선은 교과서의 전자기파 종류를 설명하는 그림에서도 위험 및 주의를 많이 요구하는 것으로 표시되어 있다.

궁금했던 점이 이것이다! 태양 중심부의 핵은 엄청난 고온·고압상태이고, 이런 상태에서 생성된 빛 에너지는 가시광선이나 적외선이 아니라 방사선인 감마선으로 형태로 대부분 방출된다. 방사선은 방사성 물질에서 나오는 전자기파로, 알파선, 베타선, 감마선이 있다.

감마선은 파장이 매우 짧은 전자기파이다. 감마선은 종종 알파선이나 베타선과 함께 방출된다. 감마선은 전리 작용이 가장 약하지만 투과력은 가장 세기 때문에 납이나 두꺼운 콘크리트를 통과해야만 현저하게 감소한다. 이 말은 감마선이 납이나 두꺼운 콘크리트를 통과하는 강력한 투과력을 가지고 있다는 것과 같은 말이다. 달리 말하면 태양의 중심핵에서 처음 생성된 빛 에너지를 바로 맞는다면 우리는 감마선에 노출되어 몸은 형체도 없이 분해될 수 있다는 이야기다.

중력을
뚫고 나오기까지

지구에서 일어나는 자연 현상과 지구 생명체가 살아갈 수 있는 근원이 되는 태양빛이 핵융합으로 생성된 그 처음의 모습은 모든 생명체를 죽일 수 있는 파괴적인 방사선인 감마선이다. 어떻게 핵 내부에서 생성된 처음 빛의 파장대와 지구로 들어오는 빛의 파장대가 이렇게 다를 수 있을까?

빛 에너지를 만드는 것도 힘들지만, 그 빛이 생명을 키울 수 있는 에너지가 되기 위해서는 어떤 과정이 있었을까? 이 의문에 대한 해결점은 태양의 내부 구조와 물리적 성질에 있다.

의문을 푸는 핵심은 태양의 중심핵에서 만들어진 빛 에너지가 태양의 중력을 이기고 나오는 과정에서 에너지를 잃어 파장이 길어진다는 것이다. 과학자들이 계산한 복사전달 방정식*에 따르면 태양 중심에서 만들어진 빛이 표면까지 나오는 데 걸리는 시간은 무려 300만~1500만 년에 이른다! 빛이 빠져나오는 시간이 다른 이유는 각각의 광자(photon)**가 진행하는 과정에 따라 시간이 오래 걸리기도 하고, 금방 빠져 나오는

---

* 빛은 태양 중심부에서 복잡한 과정을 거쳐 태양의 표면으로 나오는데, 이때 빛이 중심에서 표면으로 나오는 과정을 수식으로 표현한 것이 복사전달 방정식이다.

** 파동의 성질로 본다면 빛은 전자기파에 해당하며, 입자의 성질로 볼 때 광자(광양자)로 명명한다.

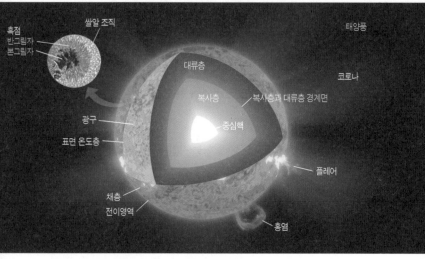

그림 17-3   태양의 내부 구조. 출처: 나사

안녕, 지구의 과학

경우도 있기 때문이다.

전자기파는 에너지의 일종이다. 에너지는 높을수록 파장이 짧아지고, 낮아질수록 파장이 길어진다. 처음 1500만 K의 온도에서 갓 생성된 빛 에너지는 온도가 너무 높아 전자기파 중 가장 파장이 짧은 감마선의 형태였다. 이 감마선은 입자로 된 것들을 파괴하고 분해할 수도 있는 에너지다. 하지만 빛 에너지가 복사층을 지나면서 태양 내부의 플라스마와 같은 물질과 충돌하여 이 물질을 가열하는 동시에 자기의 에너지를 일부 상실하면서 에너지가 적은 전자기파, 즉 파장이 더 긴 X선이나 자외선 등으로 변한다. 또 1차 생성물들이 주위의 물질과 다시 충돌하여 일부 에너지를 빼앗기고 점점 더 파장이 긴 자외선, 가시광선, 적외선 등으로 변한다. 그리고 대류층을 통해 태양표면 바깥으로 뻗어 나가는 데 걸리는 이 모든 시간이 약 300만~1500만 년이나 걸리는 것이다.

태양 중심핵에서 감마선이었던 빛 에너지가 중력을 이겨 나가며 태양 내부 물질과 부딪히고, 그 부딪힘으로 에너지는 낮아지고 파장은 길어져 X선, 자외선, 가시광선, 적외선 등으로 변하여 지구로 들어오고 있다. 한편 자외선 등은 지구 대기의 성층권에서 걸러주기 때문에 지표로 도달하는 빛 에너지의 대부분은 가시광선이고 그 다음으로 적외선이다. 물론, 방사선이 들어오지 않은 것은 아니다. 하지만 1년 동안 자연적으로 태양으로부터 받는 양이 병원에서 엑스레이 사진 한 번을 찍을 때 받는 양과 같다고 하니 햇빛을 통해 받는 방사선의 양은 극히 적다.

태양 빛의 파장 변화를 인간 세상에도 비유해본다. 어찌 보면 별과 같은 사람들은 시간을 달리면서 중력을 이겨내듯 삶의 무게를 이겨나갈 것이고, 부딪히고 또 부딪히는 과정에서 파장이 길어져 생명의 에너지로 변하듯 삶의 경험을 통해 지혜를 터득하고 세상과 사람을 위한 에너지를 전달해줄 것이다. 그래서 세상에 좋은 쓰임새가 되는 이들 모두는 생명의 빛과 같다.

18

보이는 것과 실제

밝기 등급

어쩌다 밤하늘을 올려다볼 때가 있다. 여행길이든 아니면 집으로 가는 밤길에서든. 날이 맑고, 불빛이 적은 날 밤하늘을 보고 있으면 눈에 점점 더 많은 별이 모습을 드러낸다.

교과서를 보면 별까지의 거리를 알아내는 방법, 또 별빛의 밝기와 파장을 통해 별의 크기를 알아내는 방법까지도 알려준다. 특히, 별의 운동을 다루는 천문학에서 별의 밝기는 등급으로 표시한다. 별의 등급으로는 겉보기 등급과 절대 등급이 있다.

겉보기 등급은 고대 그리스 시대에 활동하던 천문학자 히파르코스(BC 190년경~BC 120년경)가 밤하늘의 별을 맨눈으로 보았을 때 가장 밝은 별을 1등성, 가장 어두운 별을 6등성으로 분류한 것이 시초이다. 맨눈으로 보았을 때의 별의 밝기이기 때문에 실시등급이라고도 한다.

히파르코스가 눈에 보이는 별의 밝기를 등급으로 표시한 이후로 등급은 낮을수록 밝고, 높을수록 어두운 별로 표현하게 되었다. 왜일까? 원칙은 없다. 그저 가장 먼저 밝기와 등급과의 관계를 제시한 이의 표현을 따르게 되었을 뿐이다.

그렇다면 남쪽 하늘에 높이 떠 있는 태양과 북쪽 하늘의 중심에 있는 북극성의 겉보기 등급은 얼마일까? 태양의 겉보기 등급은 -26.74등급이고, 북극성의 겉보기 등급은 1.97등급이다. 19세기 들어 천문학자 포그슨은 빛의 측정 장치를 이용하여 1등급이 6등급보다 대략 100배 더 밝다는 사실을 알아냈다. 한 등급 간의 밝기 차이는 2.5배 정도가 되는 것이다. 태양과 북극성의 겉보기 등급차가 약 28배이니 태양은 북극성에 비해 약 $(2.5)^{28} ≒ 138,777,878,078$ 즉, 맨눈으로 보았을 때 태양은 북극성보다 약 1300억 배나 더 밝게 보인다. 밤하늘의 별과 달리 태양을 그냥 맨눈으로 보기 힘든 이유다.

**두 별의
실제 밝기**

태양은 밤하늘의 숱한 별과 비교해 정말 그만큼 밝은 별일까? 아니면 단지 밝게 보이는 별일까? 태양은 지구에서 가장 가까운 별이다. 지구에서 태양까지의 거리는 약 1억5천만㎞이다. 그런데 태양계의 거리를 ㎞로 표현하다 보면 숫자가 계속 길어지기 때문에 이런 불편함을 덜기 위해 천문학자들은 태양과 지구 사이의 거리인 1억5천만㎞를 1AU(Astronomical Unit)라는 새로운 단위로 표시하였다. 그렇다면 북극성은 지구에서 얼마나 멀리 있을까?

작은 곰 별자리의 꼬리 끝에 위치한 북극성은 지구 자전축을 무한히 연장하였을 때 만나는 별로서 지구로부터 약 432광년(ly) 떨어져 있다. 빛의 속도로 가도 432년이나 걸리는 아주 먼 곳의 별이란 뜻이다. 빛은 1초에 약 30만㎞ 정도를 날아가기 때문에 태양에서 출발한 빛이 지구에 도달하는 데 8분이 조금 넘게 걸리지만, 북극성의 빛이 지구에 도달하는 데 걸리는 시간은 432년으로 감히 상상도 하기 힘든 먼 거리다. 북극성과 지구 사이의 거리를 태양과 지구 사이의 거리로 비교해보자. 방법은 $a:b=c:d$를 이용하면 된다.

1AU:8분=x:432×365×24×60분

$x ≒ 28,382,400$(AU)

북극성은 태양보다 지구에서 약 2천8백만 배 더 멀리 있다. 그렇다면 혹시 태양은 가까이 있어 밝아 보이고, 북극성은 실제는 밝은 별인데 너무 멀리 있어서 우리에게 어둡게 보이는 것은 아닐까?

이 두 별의 실제 밝기를 비교하려면 어떻게 하면 될까? 어떤 것의 실제 차이를 알아내려면 같은 조건을 제시해 둘을 비교하는 방법이 있다. 여기서는 두 별을 같은 거리에 두고 밝기를 비교하면 된다. 이때 사용하는 거릿값은 10파섹(pc)이다. 10파섹은 빛의 속도로 가도 약 32.6년이나 걸리는 거리이다.

파섹은 천문학에서 별까지의 거리에 사용하는 단위이다. 이 거리 단위는 지구 공전의 증거인 별의 연주 시차 현상에 뿌리를 두고 있다.

연주 시차는 1년을 주기로 지구에서 가까운 별이 아주 멀

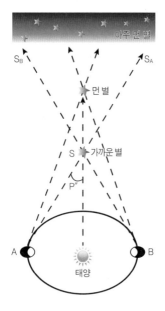

그림 18-1   연주 시차 원리

안녕, 지구의 과학

리 있는 배경 별 사이로 왔다 갔다 운동하는 것처럼 보이는 현상이다. 실제 별이 왔다 갔다 할 수는 없다. 이는 지구가 태양 주위를 공전하기 때문에 가까운 별이 S_A위치와 S_B위치로 왔다 갔다 운동하는 것처럼 보일 뿐이다. 여기서 연주 시차는 P''이다. 이 각만 안다면 원주율의 비례식 $\theta:360°=l:2\pi r$(r: 지구에서 별까지의 거리)로 구할 수 있다.

원리는 아주 간단하다. 그런데, 지구에서 태양 다음으로 가장 가까운 별인 센타우루스 알파 자리의 프록시마 별의 연주 시차가 0.768″(초)밖에 되지 않는다. 각도 1″는 1°/60′(분)을 다시 60등분한 각도 즉, 1°/60×60(초)이다. 정말 정밀한 천체 망원경이 아니면 측정하기 힘든 각도이다. 이 연주 시차가 1″일 때 별까지의 거리가 1파섹(pc)이고, 이 거리는 빛이 약 3.26년 동안 가는 거리이며 태양과 지구 사이의 거리인 AU로 표현하면 206265AU나 된다. 10파섹의 거리라면 빛이 32.6년이나 가야 하는 거리다. 정말 먼 거리다.

다시 본론으로 돌아가서 별의 겉보기 밝기 대신 실제 밝기를 비교하기 위해서는 모든 별을 10파섹의 거리에 두면 된다. 이 거리에서의 밝기 등급을 표시한 것이 절대 등급이고, 이 등급이 별의 실제 밝기를 나타낸다.

태양과 북극성의 실제 밝기를 알아보기 위해 두 별을 10파섹의 거리에 둔다면 태양의 절대 등급은 약 4.8등급이고, 북극성의 절대 등급은 약 -3.6등급이다. 결국, 북극성은 태양과 비교하면 약 8.4등급 낮으므로 실제 밝기는 $(2.5)^{8.4}$늑 1832배나 더 밝다!

별은 실제 밝지는 않지만, 지구에서 더 가까워서 밝게 보일 수도 있다. 반대로 실제는 엄청나게 밝은 별이지만 지구에서 아주 멀리 떨어져 있어서 어둡게 보일 수도 있다. 그 먼 거리의 별빛이 지구까지 오느라 고생했고 고맙다는 생각이 드는 것은 밤하늘의 별빛이 주는 또 하나의 선물일지도 모르겠다.

보이는 것과 실제 그러한 것의 차이. 그 차이로 인해 밤하늘은 다양한 별빛의 세기로 어두운 밤에도 우리를 감싸주고 있다.

곤충의 눈,
사람의 눈

우리 눈에 보이는 것과 실제 그러한 것의 차이에 대한 생각은 어느 과학 잡지에서 본 그림에서도 있었다.

'반짝반짝 빛나는 꽃의 비밀'이라는 제목에 실린 한 장의 사진《그림 18-2》. 분명 처음 보는 듯한 꽃인데, 푸른 꽃잎 안에 옅은 청색의 수술대가 있다. 그리고 가로등마냥 수술대 끄트머리에는 노란 가루가 광채를 내는 듯이 무언가를 유혹하는 장면이었다. 어두운 배경에 저렇게 빛나는 듯한 꽃가루를 본

그림 18-2   해바라기 꽃에 365㎚인 자외선을 쪼이고 찍은 사진 ⓒ 크레이그 버로스

적은 없었다. 알고 보니 해바라기였다! 해를 닮은 강렬한 노란 꽃잎과 가운데 씨가 빽빽이 모인, 우리 눈으로 보는 해바라기와는 너무나 다른 사진이다.

이 장면을 찍은 사진작가 크레이그 버로스는 식물에 파장 365㎚인 자외선을 쪼이고 사진을 찍는다 한다. 이는 '자외선 유도 형광 사진' 기법으로 불린다.

놀랍다. 우리가 보는 해바라기는 가시광선에 반사된 빛만을 인식해 그려진 것인데, 자외선으로 보는 해바라기는 너무나 다르다. 왜 자외선일까?

꽃들이 유혹하려는 존재는 사람 이전에 따로 있다. 꽃이 사람을 위해 피어난다는 것은 사람의 관점일 뿐이다. 꽃들이 기다리는 존재는 꿀벌이나 나비처럼 꽃가루를 옮기는 곤충이다. 왜 그럴까? 자손을 퍼트리는 데 필요한 존재이기 때문이다.

여기서 잠깐 식물의 진화에 대해 생각해본다. 지구 최초의 생명체는 타가영양박테리아이고, 이것이 변이를 일으켜 자가영양박테리아가 된다. 자가영양박테리아는 엽록체로 진화하면서 식물이 출현할 수 있는 기반이 된다. 처음엔 녹조류였던 식물들이 물속을 떠다니다가 바위와 돌 틈에 붙어서 이끼류가 출현한다. 즉, 최초로 육지에 적응한 식물이다. 이 식물들은 뿌리 부분과 통로 부분이 있는 관다발식물로 진화하고,

..
● 크레이그 버로스의 작품은 그의 누리집 https://cpburrows.com/ 갤러리에서 숱한 꽃의 비밀 장면을 펼쳐주고 있다.

점차 육지로 올라온다. 이후 다시 그 기능을 세분화해 에너지를 흡수하고 호흡을 하는 역할의 잎이 형성된 양치식물로 진화한다.

고생대를 지나면서 식물은 또 한 번의 획기적인 진화를 이룬다. 관속식물 중 씨앗을 만들어 번식하는 종자식물이 나타남으로써 식물은 유전적 다양성을 갖게 된다. 서로 다른 유전자가 만나 새로운 유전자를 만들어내면서, 다양성과 자손 번성 측면에서 획기적인 사건이 벌어진 것이다. 종자식물로는 꽃 없이 씨앗을 만드는 겉씨식물이 먼저 나타나고 중생대에 번성한다. 은행나무, 잣나무, 소나무, 소철과 같은 침엽수가 이에 해당한다. 그리고 중생대를 지나고 신생대에 들어서는 종자를 보호하고 매개 동물을 이용하기 위해서 꽃을 피우고 열매를 맺는 속씨식물이 번성한다. 현재 지구상의 90퍼센트를 차지하는 식물이 속씨식물이다.

식물 진화의 과정에서 어떤 효율성 향상의 문제가 읽힌다. 따로 있던 서로 다른 유전자가 만나 씨앗을 만들어 번식하는 단계가 겉씨식물이었다면 속씨식물 단계에서는 씨방에 씨를 보관하고 그 씨방에 과즙과 영양분을 담아 나비와 벌을 유혹한다. 그리고 이들을 활용해 종자를 멀리 그리고 광범위하게 이동시켜 자손을 퍼트린다.

꽃의 색깔이 다르고 향기가 다른 이유이다. 그런데, 우리 눈에 보이는 노란빛의 해바라기가 꿀벌한테는 다르게 보인다.

인간의 눈은 가시광선 영역으로만 꽃을 볼 수 있다. 하지만 꿀벌은 가시광선 중 적색을 볼 수 없고 대신에 자외선 영역으로 본다. 꿀벌이 가장 잘 구별하는 빛은 파장이 390~400㎚인 자외선과 480~500㎚인 녹색 영역이다. 사진작가 크레이그 버로스의 해바라기 사진처럼 꽃가루는 자외선 아래에서 밝게 빛난다. 인간이 보는 해바라기보다 꿀벌에게 보이는 해바라기는 자외선에서 더욱 황홀하게 빛난다.

우리가 보는 꽃의 빛깔도 아름답지만, 실제는 꿀벌에게 보이는 빛깔이 꽃이 보여주고자 하는 진정한 모습이 아닐까? 그 황홀한 유혹은 자손을 더욱 멀리 그리고 광범위하게 퍼트리고자 하는 생존 방식일 수 있겠다.

별의 보이는 밝기와 실제 밝기에 차이가 있듯이 꽃의 빛깔이 우리에게 보이는 것과 꿀벌이나 나비에게 보이는 것 역시 차이가 있음을 함께 생각해본다. 보이는 것과 실제 그런 것의 차이를 세상 사람에게도 적용해보자. 내가 바라보는 그 사람의 모습이 전부가 아닐 수 있다. 다른 관점과 시선으로 바라보는 그는 더 멋지고 아름다울 수도 있다. 내가 세상의 중심이지만, 그도 세상의 중심이기도 하다. 그런 생각을 해보게 하는 별의 밝기와 꽃의 비밀이었다.

안녕, 지구의 과학

19

한옥과 중국 가옥

남중고도

북경한국국제학교(KISB)에서 3년 동안 근무했을 때, 과학영재 수업에 '한국과 중국의 지붕 처마 비교하기' 탐구 활동을 진행한 적이 있다. 방학이나 연휴가 있을 때 다녀온 중국 남방 지역은 한국과 비슷한 면과 다른 면이 공존하였다. 교사의 장점 중 하나는 여행을 통한 경험이나 책을 통한 간접 경험 등을 수업에 활용할 수 있다는 것이다. 중국 남방을 다녀온 후 그 지방의 가옥 형태를 보며 처마가 왜 저리 짧고 지붕의 경사도는 급한지 그리고 아름답다고 소문난 수향마을에서 집과 집 사이에 도랑 같은 물길을 조성한 이유가 궁금했다.

그림 19-1 중국 강남 저우주앙의 전통가옥 처마

안녕, 지구의 과학

계절과
남중고도

─────────

                  의문을 풀어줄 실마리는 태양의 남중고도와 흙의 재질에 있다. 먼저 하늘의 태양을 본다.

    지구로 들어오는 태양의 복사 에너지양은 위도에 따라 차이가 난다. 저위도는 고위도보다 단위 면적당 들어오는 태양 복사 에너지양이 더 많다. 그러다 보니 저위도는 고위도보다 더 덥다.

    또한, 같은 지역이라도 계절별로 단위 면적당 들어오는 태양 복사 에너지양이 차이가 난다. 여름과 겨울 정오에 태양이 떠 있는 높이를 생각해보면 이해하기 쉽다. 여름 정오의 태양은 참으로 높게 떠서 햇살을 내리꽂는다. 덥다. 땅이 가열되어 그 열기가 온 세상을 덮는다. 겨울 정오의 태양은 지평선에 가까워 햇살이 비스듬히 비춘다. 춥다. 땅이 가열되기에는 턱없이 부족하여 냉기가 온 세상을 덮는다.

    봄, 여름, 가을, 겨울이 생기는 이유는 지구가 태양의 중심을 공전하는 것 자체가 아니라 지구의 자전축이 23.5° 기울어져 있기에 나타나는 현상이다.

    지구의 기후 변화에 영향을 미치는 지구 외적 요인 중 하나로 지구 자전축의 경사 변화가 있다. 〈그림 19-2〉를 보자. 북반구의 여름철은 지구 자전축이 태양 방향으로 경사질 때로

여름 지구 태양 겨울

그림 19-2　지구 자전축 경사와 기온의 연교차(북반구)

태양 복사 에너지를 많이 받는다. 반대로 지구 자전축이 태양 반대 방향으로 경사질 때는 겨울철이다. 그런데 현재는 지구와 태양 사이의 거리로 보면 여름철이 겨울철보다 멀다. 태양까지의 거리가 먼데 북반구는 여름이다. 왜 그럴까?

지구와 태양 간의 거리는 대략 1억5천만㎞이다. 하지만 실제로는 근일점에서 약 1억4천7백만㎞이며, 원일점에서는 1억5천2백만㎞이다. 거의 500만㎞ 정도의 거리 차이가 발생한다. 지구에서의 거리 단위로 보면 엄청나게 큰 차이라고 할 수 있지만, 태양계 거리 단위로 보면 크지 않다. 실제 이 정도의 거리 차이로 받는 태양 복사 에너지양의 차이는 약 3.3퍼센트 정도이다. 결국, 현재 태양으로부터 지구까지의 거리는 겨울철보다 여름철이 멀지만, 태양 복사 에너지의 양을 결정하는 것은 지구 자전축이 기울어진 방향과 각도이다. 즉, 태양의 남중고도가 계절 변화에 절대적인 역할을 하는 것이다.

남중고도는 태양이 남중했을 때의 고도이다. 쉽게 말해 태양이 동쪽에서 떠올라 남쪽 자오선을 지나 서쪽으로 지는데, 남쪽 자오선을 넘는 순간을 남중이라 하고, 이때 태양의

안녕, 지구의 과학

고도를 남중고도라고 한다. 태양의 남중고도 $h=90-\varphi$(위도)$+\delta$(적위)로 표현한다.

과학을 할 때는 어림계산과 $a:b=c:d$라는 비례식 그리고 기하학적 도형의 경우 평행인 두 선을 긋기만 하면 대부분의 수식은 이해할 수 있다.

태양의 남중고도 구하는 식도 마찬가지다. 〈그림 19-3〉을 보면 적도와 위도가 표시되어 있다. 그리고 사람이 서 있다. 핵심은 사람이 서 있는 곳에서 적도에 나란하게 보이지 않는 선을 그리면 평행선이 만들어진다는 점이다. 여기서부터 동위각, 맞꼭지각 등의 각을 비교하면 우리가 구하고자 하는 태양의 남중고도 h를 구할 수 있다.

한편, 태양의 적위는 어떤 천체가 천구의 적도에서 상하로 떨어진 각도를 말한다(〈그림 19-4〉 참조). 지구에서의 위도처럼 적위는 천구의 적도 상에서의 위도라고 이해하면 된다.

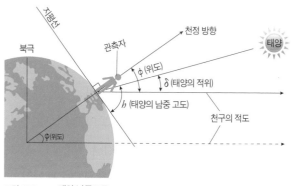

그림 19-3   태양 남중고도

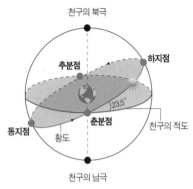

천구의 북극

추분점

하지점

23.5

춘분점

천구의 적도

동지점

황도

천구의 남극

그림 19-4   태양의 적위값

　예전부터 천구 상에서 태양이 지나는 길을 황색으로 표시해서 황도(黃道)라 하고, 달이 지나는 길은 하얗게 표시해서 백도(白道)라 했다. 그림에서 보듯이 태양이 지나는 길은 천구의 적도와 23.5° 경사져 있다. 이유는 지구의 자전축이 공전궤도면과 수직이 아니어서 지구의 적도는 황도와 23.5°가량 기울어져 있기 때문이다. 이런 이유로 태양의 적위는 춘분 0°, 하지 +23.5°, 추분 0°, 동지 -23.5°가 된다. 계절별 태양의 적위가 달라지므로 정오에 태양의 남중고도는 계절에 따라 달라진다.

처마 길이는
왜 차이가 날까

　　　　　　이제 서울과 중국 저우주앙(周庄)의 가옥 처마 길이와 지붕 경사가 다른 이유를 계절별 태양의 남

176

중고도를 통해 풀어보자. 서울의 위도는 약 37°이고 저우주앙의 위도는 약 31°이다. 춘하추동일 때의 적위값을 태양의 남중고도 $h = 90 - \varphi$(위도)$+\delta$(적위)에 넣어보자.

	태양의 남중고도 h	
	서울 $\varphi=37°$	저우주앙 $\varphi=31°$
봄(춘분날)	$h=90°-37°+0°$ $h=53°$	$h=90°-31°+0°$ $h=59°$
여름(하짓날)	$h=90°-37°+23.5°$ $h=76.5°$	$h=90°-31°+23.5°$ $h=82.5°$
가을(추분날)	$h=90°-37°+0°$ $h=53°$	$h=90°-31°+0°$ $h=59°$
겨울(동짓날)	$h=90°-37°-23.5°$ $h=29.5°$	$h=90°-31°-23.5°$ $h=35.5°$

같은 날 서울과 저우주앙의 남중고도는 차이가 난다. 위도가 서울보다 낮은 저우주앙의 남중고도는 1년 내내 서울보다 6° 높다. 태양의 고도가 높다는 것은 단위 면적당 더 많은 태양 복사 에너지가 들어온다는 말이다.

우리의 한옥과 중국 수향마을 가옥 처마의 길이와 경사가 다른 이유가 여기에 있다. 한옥의 처마는 중국 남방 지역보다 길고 지붕의 경사가 완만하다. 지붕의 경사가 완만하고 길게 빠진 처마는 여름철에는 높아진 태양의 남중고도로부터 오는 햇빛을 가려 그늘을 만들고, 겨울철에는 낮아진 태양의 남중고도로부터 오는 햇빛을 최대한 방으로 끌어올 수 있다.

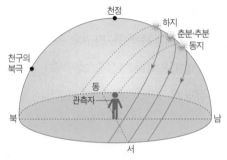

천정

하지

춘분·추분

동지

천구의
북극

동

관측지

북

남

서

그림 19-5   태양의 남중 고도 변화

한옥과 달리 중국 남방 지역의 처마는 짧고 경사가 아주 급하다. 처마가 짧은 이유는 태양의 남중고도가 높아 여름철에는 거의 수직으로 햇빛이 비추므로 처마가 짧아도 지붕 아래에 그늘을 만들고, 겨울철에는 햇빛을 더 많이 들일 수 있다. 하지만 지붕의 경사가 급한 것은 다르다. 중국 남방은 한국과 다르게 우기가 있다. 일 년 중 비가 많이 오는 우기는 몇 달 동안 지속된다. 그런데, 중국 가옥과 도로를 이루는 주재료 흙은 석회석이다. 빗물에 많이 노출되면 석회석은 조금씩 녹는다. 그렇기 때문에 오랫동안 엄청나게 쏟아지는 빗물을 빠르게 흘려보내야 한다. 집의 벽과 지붕을 보호하려면 지붕의 경사도를 높게 할 수밖에 없다.

그렇다면 집과 집, 혹은 마을과 마을에 수로를 파서 물길을 낸 이유는 무엇일까? 우기에 엄청나게 불어나는 물이 거리에 오랫동안 가득 차게 되면 석회석의 가옥이 무너질 수 있다. 따라서 수로를 파서 최대한 빠르게 불어난 물을 강과 바다로 흘려보내야 한다. 그래서 탄생한 것이 마을 곳곳에 있는 수로이다. 이 수로에 나룻배를 띄우고 유람을 할 수 있어 아름답고 멋진 수향마을이란 명칭을 얻었지만, 수향마을의 물길은 마을을 아름답게 꾸미기 위해서라기보다는 생존을 위한 물길이었다.

계절별 태양의 남중고도와 집을 짓는 흙의 성질 그리고 강수량 등이 사람이 사는 마을의 집과 풍경을 만들었다. 수향마을의 수로를 보며 자연의 섭리에 거스르지 않고 살아가는 사람을 보았다. 교과서의 공부는 세상을 바라보는 가장 기초적인 지식과 방법을 알려주고 있음을 여기서도 느낀다.

태양이 가장 높이 떠 있는 낮의 이야기와 함께 떠오르는 풍경은 태양이 지고 밤이 오는 모습이다. 정지용 시인의 〈바다 3〉을 읽어보자.

외로운 마음이 / 한종일 두고 / 바다를 불러 / 바다 우로 / 밤이 걸어온다.

오래전 동해 바닷가에서의 경험이 떠오른다. 해가 지는 시간, 동쪽으로 난 창 너머 먼 바다에서부터 어두워지더니 금세 머무는 숙소까지 어둠이 몰려왔다. 밤이 다가오는 풍경이었다. 그 풍경을 떠올리며 이 시를 접하면 마음이 외롭기도 하고, 쓸쓸하기도 했다. 어느 소설처럼 밤은 바람과 파도, 나

그림 19-6   천리안 위성으로 본 우리나라에 밤이 오는 모습

안녕, 지구의 과학

무와 자연의 생명체가 주인이 되는 시간들 같았다. 물론, 멀리 떠나지 않아도 밤이 오고 가는 장면은 기상청의 천리안 위성 가시영상 사진으로도 간접적으로 경험할 수 있다.

해가 떠오르는 어느 출근길 아침, 라디오에서 어느 스님의 말씀이 들려온다. '평등이란 산을 허물어 저수지를 메우는 것이 아니다. 다만, 그 차이를 차별하지 않는 것이다.'

이 말을 듣고 보니 해가 떠오르고 지는 장면에는 자연의 공평함이 있음을 깨닫는다. 해가 먼저 떠오른 곳은 밤이 먼저 오고, 아침이 늦게 오는 곳은 해가 늦게까지 비춰준다. 공평함이다. 자연은 평등함이 아닌 공평함으로 세상을 감싸준다.

20

8월의 크리스마스

달력

영화 〈8월의 크리스마스〉는 흐르는 시간 그리고 그 안에서 변하는 것들과 변하지 않는 것들 사이의 미묘한 흔들림을 잔잔하게 그려냈다. 이후 그 영화를 다시 보지는 않았지만, 초원 사진관을 배경으로 봄날 같은 풍경이 펼쳐졌던 것 같고, 더운 여름의 이야기와 함께 어쩔 수 없는 사랑과 이별이 시냇물처럼 흘렀던 것만은 가물거리듯 기억나곤 한다. 그리고 드는 생각 8월, 여름에 크리스마스가 올 수 있을까?

이번 주제의 물음이다. 계절과 시간에 관한 이야기. 지구과학 교과서에는 '기후 변화의 요인'이라는 단원이 있다. 기후 변화의 요인을 태양 활동과 지구 자전축 경사각 변화, 지구 공전 궤도 변화, 세차운동 등 지구 외적 요인 그리고 판의 이동

안녕, 지구의 과학

과 수륙분포 변화, 화산 활동 등 지구 내적 요인 그리고 인위적 요인으로 나눠 서술하고 있다. 이 중 지구 외적 요인을 설명하는 그림을 보면서 계절과 달력의 시간에 대해 생각해 본다.

계절과
달력의 시간

_____

지구 외적 요인 중 세차운동° 그림을 보면 약 13,000년 후에는 북반구에서 지구의 자전축 경사가 반대 방향으로 기울어진다(〈그림 20-1〉 참조). 현재 태양과 지구의 위치 관계와 자전축 경사 방향을 보면 북반구에서 지구의 자전축 경사가 태양 방향으로 향한다. 여름이고 달력은 8월이다. 그렇다면 13,000년 후 다른 요인들은 그대로 두고 이 위치에서 지구의 자전축 경사만 태양 반대 방향으로 향한다면 어떨까? 북반구는 겨울이고, 달력은 8월일까? 그리하여 마치 영화 '8월의 크리스마스' 제목처럼 8월에 크리스마스가 있어 헤어진 사람, 그 사랑의 바람을 들어줄까?

••
●   천체의 자전축 방향이 중력으로 인해 서서히 연속적으로 변하는 것을 말한다. 이것은 팽이가 도는 힘이 떨어졌을 때 중심축이 위쪽에서는 원을 그리면서 돌고 아래쪽에서는 꼭짓점에 머물러 있는 것과 유사하다. 즉, 중심축이 그리는 입체적 모양이 거꾸로 선 원뿔과 같은 것을 말한다. 세차운동 또는 세차라고 할 때는 약 26,000년의 주기로 지구의 자전축 방향이 점진적으로 이동하는 것을 일컫는다.

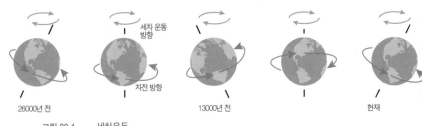

26000년 전   세차 운동
                 방향

                 자전 방향   13000년 전   현재

그림 20-1   세차운동

월일을 표시하는 것은 집집마다 걸린 혹은 탁자 위에 놓
인 달력이다. 달력에는 양력과 음력이 표시되어 있다. 우리나
라에서 입춘, 우수, 춘분, 입하, 하지, 대서, 입추, 추분, 한로,
대설, 동지, 소한, 대한 등으로 표시하는 24절기는 계절의 오
고 감을 표현하는 한 방법으로, 이와 같은 절기는 농사를 짓는
데 아주 유용하다. 그런데, 24절기를 달의 모양으로 정하는 태
음력°으로 많이 생각하지만, 사실 태양력이다. 태양의 고도에
따라 지구가 받는 태양 복사 에너지양이 변하므로 이를 조상
들은 24절기로 구분하여 계절의 오고 감을 표현한 것이다.

태양력은 지구가 태양의 둘레를 한 번 회전하는 동안을
1년으로 하는 달력, 흔히 양력이라고 한다. 달력의 역사를 되
짚어보면 연월일을 표시하는 달력은 처음에는 달과 태양, 별
의 위치 관계에서 한 해의 시작을 찾았고, 이후 춘분점과 태양
의 남중고도로 날짜를 나눴으며, 나중에는 인간의 시간에 맞

••
● 달이 차고 기울어지는 현상을 기초로 하여 만든 달력. 음력이라고 한다.

안녕, 지구의 과학

춘 과정을 볼 수 있다. 현대를 기준으로 통용되는 달력 중 양력으로는 그레고리력이 가장 널리 쓰인다.

새해의 시작이나 시간의 기준은 나라와 문화에 따라 다르다. 대표적으로 태양력의 시초가 되었던 이집트의 경우 나일강의 범람에서부터 새해를 시작하였다. 강의 범람은 주변 토지에 영양분을 공급해 농사를 시작하기에 적합한 여건을 만들어주기 때문에 나일강의 범람 시기를 알아내는 것이 중요했다. 그래서 주목한 것인 시리우스라는 별이었다. 우리나라에서도 겨울철이면 남쪽 하늘에 뜬 오리온 별자리 왼쪽 아래에서 아주 밝은 별을 볼 수 있는데, 이 별이 시리우스다.

이집트에서도 시리우스는 매일 동쪽 지평선에서 떠올라 서쪽 지평선으로 진다. 고대 이집트인들은 태양이 떠오르기 직전에 시리우스가 동쪽 지평선에 나타나면 곧 나일강의 범람이 시작된다는 것을 알았다. 또한 365일이 지나면 같은 현상이 반복된다는 사실도 알아냈다. 태양과 시리우스가 뜨고 지는 위치를 통해 한 해의 길이를 정한 것이다. 당시 이집트인들은 1년의 길이를 3개의 계절로 나눴다.•• 나일강이 범람하는 시기를 '아케트(Akhet: 6월 15일~10월 15일경)', 물이 빠져서 파종하는 시기를 '페레트(Peret: 10월 15일~2월 15일경)', 곡식이 자라고 추수하는 시기를 '쉐무(Shemu: 2월 15일~6월 15일경)'라고 했다. 따라

••
•• 이용복, "1월 1일이 새해 첫 날이 된 사연", 〈한겨레〉

서 이집트의 새해는 현재 달력으로 6월 15일경이다. 새해의 시작과 계절이 지역과 문화권에 따라 다를 수 있음을 알 수 있다.

현재 쓰는 달력은 그레고리력이지만 그 이전에는 율리우스력을 사용하였다. 기원전 로마의 정권을 잡고 있던 율리우스 카이사르는 이집트의 태양력을 근거로 새롭게 율리우스력을 만들었다. 율리우스는 1년의 길이를 365.25일로, 춘분을 3월 23일로 정했다. 춘분날 태양은 정동에서 떠서 정서로 지기에 그 의미가 남달랐을 것이다. 따라서 매년 춘분이 같도록 만들기 위해 4년마다 2월의 날수를 하루 더하는 윤년˙을 두었다. 이 달력을 '율리우스력'이라 하며 기원전 46년 1월 1일부터 시행되었다.

율리우스력이라고 완벽한 달력은 아니었다. 1582년이 됐을 때 13일 정도의 차이가 생겨 춘분이 3월 10일로 옮겨갔다. 당시 교황이었던 그레고리 13세는 부활절의 날짜가 제정 당시와 크게 달라졌기 때문에 달력을 개정하게 된다. 우선 1년의 길이를 실제의 길이와 거의 같은 365.2425일로 사용하기 위해 율리우스력처럼 4년마다 오는 윤년은 그대로 두고, 100으로 나누어지는 해는 윤년이 없고, 다시 400으로 나누어지는 해는 윤년으로 정하는 방법으로 이를 해결했다. 또한, 춘분을

˙˙
● 윤달이나 윤일이 든 해. 지구가 태양을 한 번 공전하는 데 365일 5시간 48분 46초가 걸리므로 태양력에서는 그 나머지 시간을 모아 4년마다 한 번 2월을 하루 늘린다.

안녕, 지구의 과학

3월 10일에서 부활절 제정 당시의 날짜인 3월 21일로 돌아오게 했다. 그리고 1582년에는 계절과 달력을 일치시키기 위하여 10일을 없애 10월 4일 다음 날을 10월 15일로 정해 사용했다.

그레고리 달력을 채택하면서 달력과 계절은 꽤 잘 맞았다. 그러나 여전히 일 년을 이루는 날짜 수가 태양 주위를 도는 지구의 공전 주기와 완전히 일치하지는 않았다. 기후 변화 요인 중 지구 외적 요인에서도 지구의 공전 궤도가 변하고, 여기에 세차운동도 영향을 주기 때문이다. 세 가지 천체 주기를 바탕으로 한 달력을 사용하는 한, 매달 또는 매년 속한 날짜 수가 달라지는 것은 피할 수 없는 일이다.

이처럼 달력의 역사를 보면 달력은 태양이 뜨고 지는 위치와 시간 그리고 남중고도에 따라 달라졌으며, 인간의 시간에 따라 맞춰졌음을 알 수 있다.

결론적으로 세차운동만을 고려했을 때, 현재 북반구에서 크리스마스가 있는 겨울의 태양-지구의 위치 관계에서 지구의 자전축 경사 방향만 현재와 반대가 되는 13,000년 후 북반구의 계절은 여름이 된다. 그리고 달력은 태양의 고도에 따라 계절과 시간을 맞추기에 여전히 8월이 될 것이다.

8월의 크리스마스는 문학적 이야기이고, 인간과 지구의 시간은 태양의 고도와 뜨고 지는 위치에 맞춰 북반구에서 맞이하는 크리스마스는 12월의 겨울에 있을 것이다.

21

무엇이 중심인가

좌표계

물체의 운동을 설명하기 위한 가장 흔한 방법은 가로축(x축)과 세로축(y축)에 그 위치를 표시하는 것이다. 날아가는 공의 궤적을 그래프에 표시하는 것만큼 물체의 운동을 설명하기 좋은 방법은 없을 것이다. 같은 맥락에서 태양과 달의 움직임, 밤하늘의 별과 행성과 같은 천체의 움직임도 좌표계에 표시하면 천체의 운동을 더 잘 이해할 수 있고 설명할 수 있다. 천체의 운동 단원에 좌표계가 꼭 들어가는 이유이다. 좌표계는 사실 망원경을 하늘로 향해 천체를 관측하는 데도 꼭 필요하다. 망원경을 어느 곳으로 향해야 우리가 찾으려는 천체가 있는지를 알 수 있으니까 말이다.

위도와
경도

─────────

       교과서의 좌표계 시작은 지구상에서 한 지점의 위치를 표시할 때 사용하는 위도와 경도로 접근한다. 학생들에게 위도와 경도는 아주 친숙하기 때문이다.

    내가 현재 있는 위치는 지도상의 (위도, 경도)로 표시된다. 위도는 적도를 기준으로 잰다. 적도는 북극점과 남극점에서 같은 거리에 있고, 말 그대로 적도(赤道, 붉은 길)˙로 표시된 선이다.

    천구의 그림을 자세히 보면 위도는 적도를 기준으로 북극과 남극에 얼마나 가까운지를 나타내고, 경도는 영국 그리니치천문대를 기준으로 동서로 얼마나 떨어져 있는지를 나타낸다. 그런데, 이 경도는 거리 개념이 아니라 지구 자전에 의해 해가 뜨고 지는 각 지역의 시간 개념을 가진다. 지구는 서에서 동으로 자전을 하는데 경도의 기준이 되는 그리니치천문대가 정오라면 그리니치천문대보다 동쪽으로 15° 되는 지역은 13시이다. 왜냐하면, 지구는 하루에 한 바퀴를 도는데, 간단한 비례식 $24h:360°=1h:x$를 이용하면 지구는 1시간에 15° 회전하기 때문이다.

••

●   적도를 뜻하는 영어 equator는 라틴어 aequator(diei et noctis)에서 왔는데, 이 단어는 태양이 천구의 적도에 위치하면 낮과 밤의 길이가 같아지는 것을 뜻한다.

xy 좌표계에 표시한 (위도, 경도)에서 위치와 시간을 함께 읽을 수 있다는 것은 생각해보면 놀라운 사실이다.

천체의 위치를 (위도, 경도) 개념과 같은 하나의 좌표계에 표시하고 이를 꾸준히 관측해 기록하면 그 천체의 위치 변화를 알아낼 수 있다. 이 위치 변화가 바로 천체의 운동이고, 이런 운동은 경도처럼 시간의 의미를 함께 내포한다.

지평
좌표계

천체의 운동을 설명하기 위한 좌표계에는 두 가지가 있다.

우리가 어떤 정보를 빠르게 파악하는 방법 중 하나는 명칭을 분석하는 것이다. 명칭은 신문의 머리기사처럼 어떤 정

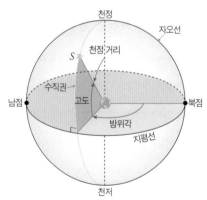

그림 21-1   지평 좌표계

보의 핵심어를 대표하기 때문이다. 지평 좌표계는 좌표의 기준이 지평선임을 암시하고 있다. 지평선은 관측자가 서 있는 땅이다. 이 말은 관측자를 중심으로 천체의 위치를 표시한다는 뜻이다.

천체의 좌표는 기본적으로 지구를 중심으로 반지름이 무한한 가상의 구인 천구에 표시한다. 직교 좌표계의 (x, y)에 해당하는 지평 좌표계의 (x, y)는 (방위각, 고도)이다. 보통 천정에서 북극성을 지나 지평선으로 이어지는 자오선°을 그렸을 때 지평선과 만나는 한 지점을 북점이라 한다. 이 북점을 기준으로 태양이나 행성, 별이 얼마나 떨어져 있는지를 각으로 나타낸 것이 방위각이다. 그림에서 보듯이 천체 S의 좌표는 (방위각, 고도)로 표시된다.

지평 좌표계는 관측자인 나를 중심으로 표시되기 때문에 천체의 좌푯값만 알고 있으면 곧바로 그 천체를 확인할 수 있다. 참 편하고 쉽다. 그렇다면, 관측자가 지켜보는 지평선 위의 태양은 시간이 지나도 그대로 있을까? 당연히 지구가 자전함으로써 나타나는 현상이지만 태양은 동쪽에서 뜨고 서쪽으로 진다. 만약 태양이나 달을 지평 좌표계를 이용해 관측하고 있다면 시간의 흐름에 따라 망원경의 (방위각, 고도) 값을 계속 변경해주어야 한다. 지평 좌표계는 시간에 따라 변하는 값

°° 어떤 지점에서 정북과 정남을 통해 천구에 상상으로 그은 선.

이기 때문이다. 또한, 지평 좌표계는 같은 천체를 동시에 관측하더라도 관측자의 위치가 서로 다르면 방위각과 고도가 다르게 측정된다.

적도
좌표계
──────────

관측자를 중심으로 천체를 바라보면 쉽고 편하지만 변하는 시간에 따라 좌푯값이 함께 변하고, 관측자가 서 있는 위치에 따라 좌푯값 역시 다르다. 마치 나를 중심으로 바라보면 세상의 그 모든 것들이 편할 수 있지만, 다른 중심에서 바라보면 그 세상은 내가 보는 것과는 다른 모습일 수 있듯이.

사람이나 자연이나 매한가지이다. 그러므로 과학자들은 관측하는 장소나 시간의 흐름과 관계없이 천체의 좌푯값이 일정한 좌표계를 사용하고자 했다. 그 방법은 우리가 지구상에 위치를 표시하는 방식에서 이미 제시하고 있다.

지구상의 한 지점(A)의 위치를 (위도, 경도)로 표시하면 관측자의 위치와 시간의 변화와 상관없이 위치를 표시할 수 있고, 이 (위도, 경도) 값만 알고 있으면 지구의 어느 지역에 있든 A 지점을 찾을 수 있다. 나를 중심으로 위치를 표시한 것이 아니라 지구를 중심으로 그리고 적도와 위도, 경도를 기

안녕, 지구의 과학

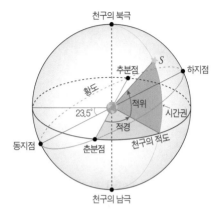

천구의 북극

추분점 · S

하지점

황도

적위

23.5°

시간권

적경

동지점

춘분점

천구의 적도

천구의 남극

그림 21-2   적도 좌표계

준으로 위치를 표시한 것이다. 이와 같은 방식으로 천체의 위
치를 알려주는 것이 적도 좌표계이다.

　이름 그대로 적도 좌표계는 천구의 적도를 중심으로 천체
의 좌표를 표시한다. 일반적인 직교 좌표계는 x축과 y축이 있
고, 그 축의 기준값이 0이다. 여기서부터 물체의 위치를 표시
한다. 적도 좌표계 역시 두 축이 교차하는 기준점이 있다. 바
로 천구의 적도와 태양이 지나는 길인 황도가 만나는 춘분점
이다. 이 지점을 기준으로 적도 좌표계는 천구의 위치 (x, y)를
(적경, 적위)로 표시한다. (적경, 적위)는 지구의 위치를 표현
하는 (위도, 경도)와 비슷한 의미이다. 적경은 천구의 적도 상
의 경도 개념으로 시간(h)으로 표시하고, 적위는 천구의 적도
상의 위도 개념으로 각도(°)로 표시한다.

　그리 어렵지도 쉽지도 않지만, 좌표계 그림을 보면서 나

를 붙잡고 세상을 바라보는 것과 나를 벗어나 세상을 바라보
는 것의 차이를 알아간다.

코페르니쿠스적
혁명

이런 관점의 변화는 코페르니쿠스
적 혁명이라는 용어를 통해 극적으로 표현되기도 한다. 코페
르니쿠스는 고대로부터 내려오던 지구중심론(천동설)에서 시간

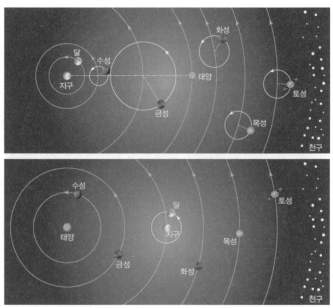

그림 21-3   프톨레마이오스의 지구중심설 모식도(위)와 코페르니쿠스의 태양중심설 모
식도(아래)

안녕, 지구의 과학

에 대한 율리우스력의 문제점을 해결하기 위해 천체를 관측하다 보니 기존 지구중심론으로는 한계가 있음을 알고 대안으로 태양중심론(지동설) 우주체계를 제시했다. 쉽게 말해 당시를 지배했던 체계인 프톨레마이오스의 지구중심 우주체계 대신 하늘의 운행에는 태양이 중심이고 지구 역시 다른 천체처럼 태양 주위를 공전한다는 태양중심 우주체계를 제시한 것이다.

코페르니쿠스는 천체관측 연구에 기반하여 세상의 중심을 지구 대신 태양으로 바꿨다. 이렇게 하자 금성의 보름달 모양 위상 등 천체 운동을 더 잘 설명할 수 있었다. 지구 역시 태양 주위를 도는 다른 천체와 같은 객체로 상호작용하며 운동한다는 것은 당시 사람들에게 혁명과도 같았을 것이다.

과학에서 관점을 바꾸는 것은 자연 세계를 이해하고 설명하는 사고의 전환이다. 이런 사고의 전환은 데이터에 근거해 기존의 인식 영역과 관점을 바꾼다. 모든 것이 지구를 중심으로 운행한다는 사고에서 지구 역시 태양을 중심으로 운행하는 하나의 객체라는 인식의 전환은 기존의 세계관을 완전히 뒤흔든 것이었다. 주체가 아닌 객체로서 상호작용하는 자연의 세계관은 인간의 세계에도 적용될 수 있다.

다시 돌아가 세상을 바라보는 관점의 연장선에서 나를 중심으로 바라보는 것과 나를 벗어나 바라보는 것과의 차이를 생각한다. 나를 붙잡고 나를 중심으로만 바라보는 세상은 어떤 절대적인 틀에서 벗어나기 힘들다. 하지만, 나를 벗어나 바라보는 세상은 사람과 사람 그리고 자연이 상호작용하면서 역동적으로 영향을 주고받음을 알게 된다. 이런 시선이 서로를 이해하고 더불어 함께 갈 수 있는 세상의 바탕이 되지 않을까.

22

우리는 무엇을, 왜 분류할까?

H-R도로 본 별의 진화

지구과학의 별과 외계 행성계 단원 중 'H-R도와 별의 특징' 학습은 별의 절대 등급과 분광형을 제시하고 각 별의 위치를 좌표계 그래프에 찍어보는 탐구 활동으로 시작한다. 이 활동을 통해 완성된 그래프를 우리는 H-R도라고 한다. 별을 학습하는 데 H-R도는 아주 중요한 부분을 차지한다.

이 H-R도를 설명하기 위해 앞 단원에서는 별의 물리량을 학습한다. 즉, 별빛을 분석해 색과 표면 온도 관계를 알아내고, 별의 스펙트럼 특성으로부터 별의 내부 원소와 표면 온도를 파악하며, 절대 등급과 별의 광도로부터 별의 크기까지를 구해내는 것이다. 상당한 학습량이다. 이렇게 별의 물리량을 구해서 우리가 알고자 하는 것은 단순히 별의 물리량뿐 아니라 H-R도 속에 담긴 이야기를 풀어보는 것이다.

헤르츠스프룽-러셀
다이어그램

———————

대표적인 H-R도 그림을 보고 있으면 이 안에 참 많은 이야기가 있구나 싶다. 그러면서 '우리는 무엇을, 왜 분류할까'라는 질문을 던지게 된다. 먼저 그래프의 이름을 HR도가 아닌 H-R도로 표시한 이유부터 알아본다.

교과서는 "1910년대 초반 덴마크의 헤르츠스프룽(E. Hertzsprung)과 미국의 러셀(H. N. Russell)은 별의 광도와 표면 온도 사이의 관계에 관심을 두고 각각 그래프를 그려서 분석하였다. 이 그래프를 두 사람 이름의 첫 글자를 따서 H-R도라고 한다'라고 적고 있다.

조금 더 찾아본다. 별의 밝기와 색의 관계를 규명한 이후 별의 진화에 관한 연구를 계속한 헤르츠스프룽, 그리고 헤르츠스프룽과는 별도로 별 표면의 온도와 밝기의 관계표를 만든 러셀의 연구는 공동 연구가 아니었다. 대서양을 사이에 두고 유럽과 미국에 있던 두 천문학자는 별을 연구하는 과정에서 그 지향점이 비슷하였고, 독자적으로 만든 각각의 표를 서로 합해 H-R도가 완성된다. H-R도는 Hertzsprung-Russell diagram의 줄임말이다. H-R도는 별의 절대등급(광도)과 표면

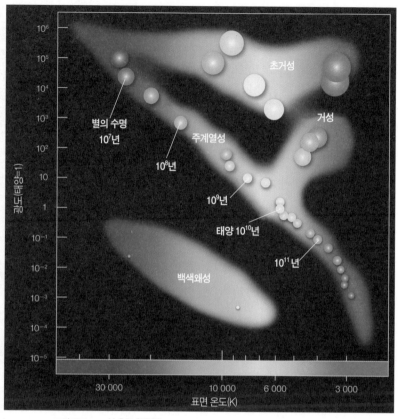

그림 22-1   H-R도 ⓒ ESO

온도(분광형)에 따라 별들의 위치를 표시한 것이다.

밤하늘의 숱하게 많은 별을 보고 있자면 무질서 그 자체로 보인다. 그 별 하나하나의 물리량을 구한다. 여기서 끝난다면 별과 별은 그냥 서로 다른 개체일 뿐이다. 그런데, 이 별들을 광도와 표면 온도에 따라 xy 좌표 그래프에 하나씩 점을 찍어 표시하니 몇 개의 그룹으로 재탄생한다!

이 그룹이 의미하는 것은 무엇일까?

천문학자들이 밝힌 이들 그룹의 상관관계는 이러했다. 무질서하게 보이는 밤하늘의 숱한 별들을 H-R도로 분류해보니 수소핵융합을 하고 별의 일생 대부분을 보내는 주계열성(main sequence), 수소핵융합 이후의 거성 단계의 별, 그리고 태양과 비슷한 질량을 가진 별이 마지막 남은 일생을 보낼 백색왜성 등의 그룹으로 나뉜다. 즉, 어린 별이 청장년을 지나고 나중에 죽음을 앞두고 머물 단계가 가로축과 세로축에 표시된 별의 무리에 그대로 담겨 있다. 별의 진화에 관한 이야기가 가로축과 세로축이라는 하나의 그래프에 다 담겨 있는 것이다. 다시 한 번 H-R도를 보니 우리는 분류를 통해 세상을 조금 더 잘 이해할 수 있구나 싶어 스스로 놀란다.

분류한다는 것

사실 무질서한 것을 몇 개의 그룹으로 분류하는 것은 대수학이나 천문학에만 있는 것은 아니다. 우주에서 지구로 조금 좁혀 보자. 지구시스템을 생각해본다. 중학교 과학에서부터 고1 통합과학까지의 과정에는 지구시스템이 무엇이며, 이 시스템이 무엇으로 구성되어 있는지를 알아가는 과정이 있다. 지구시스템을 구성하는 요소들이 어떻게 이루어져 있는지를 알아보는 탐구 활동을 수업에 변형 및 적용해 보았다. 학생들에게 '지구' 하면 가장 먼저 떠오르는 단어를 포스트잇에 적게 하고 적은 것을 모두 칠판에 붙인다. 이후 한두 명의 학생이 다양하게 적힌 지구를 대표하는 단어를 분류하게 한다. 분류의 기준은 학생들의 의견을 반영한다. 대부분 '살아있는 것과 살아있지 않은 것', 혹은 '생물과 무생물' 등으로 분류하자고 의견을 제시한다.

학생들은 일단 의자에서 일어나 움직이고, 맘껏 분류 기준 의견을 제시하고, 친구들이 포스트잇을 분류 기준에 따라 떼었다 붙였다 하는 것을 보며 즐거워한다. 아이들은 움직여 활동하는 것이 그저 좋다. 활기차다.

그런데, '살아있는 것과 살아있지 않은 것'으로 분류를 하다 보면 몇몇 단어는 어디에 들어가야 하는지를 고민하게 된다. 예를 들어, 물은 살아있는 것일까 아닐까? 태권브이는? 구름은? 만화 속 캐릭터는? 갸우뚱거린다. 그러면서 이 분류 기준으로는 지구를 대표하는 단어들을 수용하기 힘듦을 알게 된다. 그런 다음 다시 '지구' 하면 떠오르는 두 번째 단어를 적어서 다시 칠판에 붙이게 한다.

이번에는 과학자들이 연구한 분류 기준을 제시하고, 이 기준에 따라 분류해보기로 한다. 그제야 학생들은 자기들이 적어낸 단어가 각각의 범주에 수긍할 수 있을 만큼 배치되었음을 인정한다.

지구시스템은 지권, 수권, 기권, 생물권 그리고 외권으로 구성되어 있음을 알게 하는 활동이다. 분류한다는 것은 여러 종류의 다양한 요소들이 무질서하게 혼재한 것을 질서 있게 나누고 공통적인 성질을 찾아내는 아주 효율적이면서 중요한 방법이다. 이처럼 분류는 혼돈 속에서 질서를 찾는 수단이다.

이런 방법을 생활 속에 적용해보자.

살다 보면 무엇부터 해야 할지 모르겠거나 혹은 지금 이렇게 살아가는 것이 제대로 살아가는 것인지 혼란스러울 때가 있다. 이럴 때 우리는 우리 삶의 단편들을 분류할 필요가 있다. 그런 때가 오면 빈 종이를 가지고 이렇게 해본다.

먼저 벤 다이어그램을 염두에 두고, 노란색 포스트잇 몇 장에는 지금 하는 것들, 빨간색 포스트잇 몇 장에는 해야 할 것들 그리고 파란색 포스트잇 몇 장에는 하지 않아도 될 것들을 적는다. 이 포스트잇들을 벤 다이어그램의 주머니 영역에 붙이고, 조금 멀리 떨어져 보자. 지금의 나를 채우고 있는 그 많은 것들을 보고 있자면 겹치는 부분도 있겠지만 확연히 힘이 되는 것들과 중요하지 않은 것들이 보인다. 내가 지금 바로 해야 할 것들과 나에게 힘이 되어줄 것들을 다시 확인해본다. 혹은 벤 다이어그램의 주머니 속 일들을 보면서 중요하지 않고 나중에 해도 될 것들은 떼어낸다. 그러다 보면 뭐가 지금 중요한지가 명확해지면서 이전보다는 더 큰 숨으로 하루를 당당히 걸어갈 다짐을 하기도 한다.

일상을 살면서 분류가 필요한 순간들이 바로 여기에 있다.

23

〈월하정인〉 이야기

달의 공전과 위상 변화

중국 신장을 여행한 적이 있다. 서역이라는 곳의 생소함을 느끼고 싶은 마음과 사막 한가운데에 서 있고 싶은 열망이 공존해 떠난 여행길이었다. 〈그림 23-1〉은 신장에서 서쪽 최변방 즉, 신장과 타지키스탄의 국경 지대로 향할 때의 아침 풍경을 담은 것이다. 이른 새벽 버스를 타고 고원지대를 지나니 산소는 점점 희박해지고 눈이 자꾸 감겼다. 그 와중에 반쯤 뜬 눈으로 들어온 풍경이었다. 앞 산 봉우리 사이로 달려온 햇살이 저어기 봉우리에 와 닿아 아침 달과 조우한다.

그림 23-1 　　아침 달과 햇살

달의 위상
변화

　　　　　천문현상 중 태양 다음으로 우리
에게 영향을 주는 천체는 달일 것이다. 하늘에 뜬 달의 모양
은 시시각각 그리고 날마다 변하는데, 그 모양으로 음력의 시
간을 유추하기도 한다. 달은 태양과 지구, 달의 위치 관계에
따라 초승달, 상현달(반달), 보름달, 하현달(반달), 그믐달로 그 모
양과 이름을 달리한다. 또한, 달이 지구의 본 그림자에 완전히
들어오는 개기월식 때 달은 안 보이는 게 아니라 지구 대기를
지나는 태양 빛의 굴절로 파장이 길어져 붉게 보인다.

달의 위상 변화를 말로만 설명하면 이해하기 참 어렵다. 위치에 따른 모양을 외울 수도 있겠지만, 자연 현상은 머리로 이해하는 것이 아니라 직접 내 눈으로 확인해보는 것이 좋다. 나름대로 설계한 탐구 활동을 학생들과 함께해본다. 빔프로젝터의 하얀 빛이 스크린을 비추는 칠판 앞 의자 위에 올라가 하얀 배구공 하나를 들고 시계 반대 방향으로 빙빙 돌며 자기 눈으로 직접 달의 위상 변화와 일식, 월식을 직접 관찰하게 하는 활동이다. 빔프로젝터에서 나오는 빛은 태양, 학생의 머리는 지구, 하얀 배구공은 달에 해당한다. 학생들은 배구공을 들고 지구가 자전하는 방향인 시계 반대 방향으로 돈다. 태양─지구─달의 위치 관계에 따라 초승달에서 상현, 보름, 하현, 그믐으로 변하는 달의 위상은 빔프로젝터 빛을 받는 공의 밝은 영역과 빛으로 인한 그늘 영역을 관찰하면서 확인할 수 있다.

책이나 멀티미디어 같은 자료로 학습하는 것보다 직접 달이라는 공을 들고 돌면 위상 변화가 확연히 보이고, 현상도 쉽

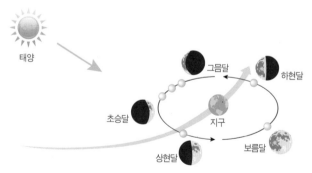

그림 23-2   달의 공전 궤도 상의 위치와 위상 변화

안녕, 지구의 과학

게 이해할 수 있다. 최첨단 교구도 좋지만, 우리 몸을 움직이면서 확인하고 이해하는 수업은 그와는 다른 새로운 매력과 장점이 있다. 이 탐구 활동을 하면 태양과 지구, 달의 위치 관계에 따른 달의 모양 그리고 특정 시간대에서의 달의 모양뿐 아니라 그 달이 동서 지평선 중 어느 쪽에 위치하는지를 유추할 수 있다.

달은 1년에 약 3.8㎝ 정도 지구로부터 멀어지고 있다. 지구의 조석마찰˚로 인해 지구와 달의 인력이 줄어들어 달이 지구로부터 조금씩 멀어지는 것이다. 조석마찰은 지구의 회전 속도를 줄인다. 지구 탄생 초기에 지구가 자전하는 데 걸리는 시간은 약 5시간밖에 되지 않았다고 한다. 달은 지구에 영향을 미치면서 지구의 자전 속도를 늦추었고, 이 때문에 10억 년 전 하루는 약 19시간이었다. 조석마찰로 인해 지구의 자전 속도는 점차 느려졌고, 과학자들은 2억 년 후의 하루는 25시간, 13억5천만 년 후에는 하루가 약 30시간이 될 거라 예상한다.

달은 그냥 하늘에서 방긋 우리의 밤길을 비춰주는 동화 속 존재만은 아니다. 밀물과 썰물에 영향을 주고, 지구의 시간과 사람에게도 영향을 주고 있다.

..
● 달이 지구에 미치는 조석력(기조력)이 지구에 미치는 영향 중 하나로, 해수와의 마찰로 지구의 자전을 미세하게 느려지게 한다. 조석력은 지구의 지각에는 큰 영향을 주지 못하는 반면, 해수에는 만조와 간조를 일으켜서 자전하는 지구의 지각과의 마찰을 유발한다.

신윤복의
〈월하정인〉

————————

　　달을 생각하면 신윤복의 〈월하정
인〉이 떠오른다. 그림도 그림이지만 담벼락에 쓰인 듯한 멋진
글자가 눈에 띈다. '달도 기운 야삼경[月沈沈夜三更] / 두 사람
속은 두 사람만 알지[兩人心事兩人知].' 그림과 글이 서로 도와
주며 한 편의 이야기를 풀어놓고 있다.

　　여기서 야삼경이라면 하룻밤을 오경(五更)으로 나눈 셋째
부분으로 밤 열한 시에서 새벽 한 시 사이이다. 그런데 달을
보니 오른쪽만 살짝 밝은 초승달 모양이다. 의문이 든다. 분명

그림 23-3　　신윤복의 〈월하정인〉

　　　　　　　　　　　　　안녕, 지구의 과학

야삼경에는 절대로 저런 초승달 모양이 뜨지 않는데….

태양−지구−달의 위치 관계에 따라 초승달 모양의 달을 관측할 수 있는 시간과 모양을 그려보면 〈그림 23-4〉 같다.

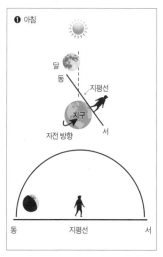

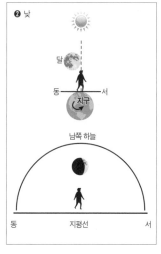

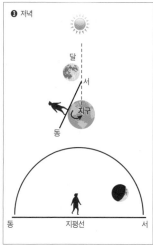

그림 23-4　　아침, 낮, 초저녁에 볼 수 있는 초승달의 모양과 위치

지구가 자전하면서 태양이 떠오르는 지평선 쪽이 동쪽이다. 초승달은 지구와 태양을 직선으로 이은 가상의 선 왼쪽에 위치할 때 보인다. 그때 달의 모습은 아침에는 그림①처럼, 낮에는 그림②처럼, 초저녁에는 그림③처럼 보인다. 물론, 낮에는 태양 빛으로 인해 그림 ②의 달은 볼 수 없다. 그런데, 야삼경에는 태양 반대편에 달이 와야 하므로 절대로 초승달 모양의 달이 보일 수는 없다. 결국, 신윤복의 〈월하정인〉에 그려진 달은 초승달이라는 달 자체의 모양만으로 판단한다면 밤이 아니라 아침일 때의 달 모양이다. 그렇다면 신윤복은 자연 현상을 제대로 관찰하지도 않고 그림을 그린 화원일까?

　정녕 중요한 것은 보이는 것 너머에 있을 수도 있다. 동양에서는 그림을 그릴 때 '흉중성죽(胸中成竹)'이라는 표현을 쓴다. 가슴속에 대나무가 완성되어 있다는 말로, 그림이나 시 등 예술 작품을 창작할 때 미리 마음속에 전체를 그려놓고서 작품을 만들어간다는 뜻이다. 서양은 이젤을 들고 사물 그대로를 보면서 그렸다면, 우리 동양은 사물을 가슴에 담았다가 그 뜻과 형상을 헤아려 집으로 돌아와 그렸다. 신윤복의 그림에서 초승달이 실제와 달랐던 것은 이런 이유가 있었던 것 아닐까? 그림 속 장면은 '만남'이라기보다는 '헤어짐'이 분명하다. 이 장면에 어울리는 달의 모습은 어떠해야 할까? 그림 속 달은 아래로 다소곳이 수그린 채, 두 연인을 안아주는 듯이 담장 위에 낮게 깔려 있다. 과학 이전에 연민을 담은 그림으로 봐도 되지 않을까? 논리 이전에 마음으로 읽어야 하는 그림이다. 한편, 야삼경에 저런 모양의 달을 볼 수 있는 경우도 아주 드물게 있을 수 있다.

천문학자 이태형 교수는 〈월하정인〉과 관련한 연구를 통해 새로운 시각을 제시한다. 연구에 따르면 달 모양과 위치 등을 근거로 추정해볼 때 〈월하정인〉은 1793년 8월 21일 밤 11시 50분께 그려진 것이다. 이 교수는 신윤복이 활동한 것으로 추정되는 18세기 중반부터 19세기 중반까지 약 100년 사이에 있었던, 서울에서 관측 가능한 부분월식에 대한 기록을 조사했다. 그 결과 1784년 8월 30일(정조 9년, 신윤복 26세)과 1793년 8월 21일(정조 18년, 신윤복 35세) 두 차례의 부분월식이 확인됐다. 그러나 1784년에는 8월 29일부터 31일까지 서울 지역에 3일 내내 비가 내렸다는 기록이 남아 있다. 월식이 나타났어도 관찰할 수 없었다는 얘기다. 반면 1793년 8월 21일(음력 7월 15일)에는 오후에 비가 그쳐 월식 관측이 가능했다. 『승정원일기』에도 "7월 병오(丙午·15)일 밤 이경에서 사경까지 월식이 있었다"고 기록돼 있다. 신윤복이 사실과 무관한 상상의 달을 그린 것은 아니라는 이야기다.

과학과 그림에 대해 다시 생각해본다. 과학적인 분석에 의해 신윤복이 부분 월식의 달 모양을 관찰했을 수 있다. 하지만, 월식의 달 모양을 그대로 그렸다기보다는 월식이 일어났을 때 달의 모양을 기억한 후 〈월하정인〉 속 두 연인의 장면을 합치지는 않았을까? 시공간이 다른 두 장면을 합쳐 연인의 마음을 감싸주듯 달을 넣어 완성했을 수도 있다. 창의적인 예술가의 조화가 여기에 있었을지도 모른다.

서로 다른 것들을 조합해 새로운 창작의 산물을 만든 예를 〈월하정인〉의 달과 연인 그림에서 찾아낸다.

24

같은 혹은 반대의 회전에 관하여

기조력과 은하의 나선팔

어린 시절 바닷물이 들어오고 나가는 것을 지켜보며 참 신기해했다. 부모님과 함께 갔던 해수욕장에서 신나게 헤엄치다 어느덧 물이 조금씩 빠지면 아쉽고 또 바닷물이 막 들어오는 것 같으면 무섭기도 했던 시절. 중고등학교를 지나면서 달과 태양 그리고 지구 사이에 작용하는 인력 때문에 나타나는 현상이라고 배웠지만, 그건 책 속의 이야기일 뿐이었고 바다의 속살이 드러났다 숨었다 하는 것 자체가 마냥 신비하고 경이로웠다.

기조력

교과서에서는 밀물과 썰물에 의해 해수면의 높이가 주기적으로 높아졌다가 낮아지는 조석 현상이 달과 태양, 지구의 힘의 관계에서 비롯되는 것이라 설명하고 그 힘을 정량적으로 제시한다. 조석 현상을 일으키는 힘인 기조력을 설명하는 그림을 유심히 바라본다. 태양은 달보다 질량이 크지만, 달이 지구에 가까워 기조력은 더 크다. 그래서 기조력의 세기는 지구–달의 공통 질량 중심을 도는 원운동에 의한 힘의 차이로 설명한다.

바닷가에서는 조석 현상에 의해 해수면이 높아졌다가 낮아지기를 반복한다. 하루 중 해수면의 높이가 가장 높아졌을 때를 만조, 가장 낮아졌을 때를 간조라고 한다. 기조력은 만유인력과 원심력의 합력이므로 달이 가까운 쪽은 당연히 만조가 나타난다. 그런데, 달과 가장 먼 지점에서도 똑같이 만조가 일어난다.

과학적으로 설명하면 다음과 같다.

지구와 달 사이에 작용하는 만유인력은 거리의 제곱에 반비례하므로 달이 가까울수록 만유인력은 크다. 그런데, 회전

태양 질량은 지구 질량의 약 33만 배이고, 달의 질량은 지구 질량의 약 80분의 1이다. 하지만, 태양-지구 사이의 거리는 지구-달 사이 거리보다 390배 정도 더 멀다.

안녕, 지구의 과학

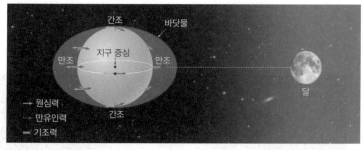

간조

바닷물

지구 중심

만조   만조

달

간조

→ 원심력

── 만유인력

── 기조력

그림 24-1   기조력의 원리

하는 구체의 각 지점에서는 지구−달의 공통질량 중심[••]으로
작용하는 원심력이 있는데, 이 힘은 구체의 어느 지점에서나
일정한 크기를 갖는다. 기조력 원리를 설명하는 그림을 보자.
달과 가장 가까운 곳은 만유인력이 원심력보다 크므로 달 쪽
으로 기조력이 작용한다. 그리고 달과 가장 먼 곳에서는 만유
인력보다 원심력이 크므로 두 힘의 합력인 기조력은 원심력
방향으로 향한다. 만조가 여기서도 나타난다는 의미이다. 달
과 가장 가까운 곳과 가장 먼 곳에서 만조가 일어난다. 해수
면이 가장 높아지는 현상도 함께 일어난다. 회전한다는 것은
살아 움직이는 것이다. 살아 움직이는 것이 해수뿐일까. 가까
운 곳과 정반대의 먼 곳에서도 함께 나타나는 현상처럼 사람
과의 인연도 이러할까?

••

•• 공통질량 중심은 두 행성이 서로의 중력장 안에서 계를 형성하고 공전운동을 할 때, 그 사이에
기준이 되는 중심이다. 이때 두 행성의 질량이 차이가 나면 공통질량의 중심은 무거운 쪽으로
치우친다. 지구는 달보다 훨씬 무거워서 지구 반지름 내에 공통질량 중심이 있다.

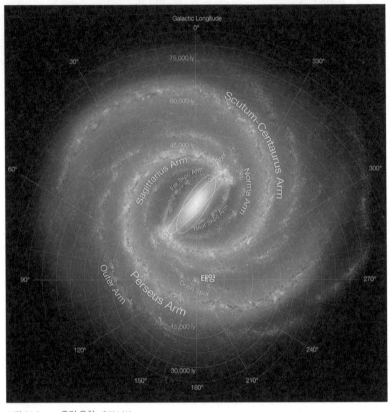

그림 24-2   우리 은하. 출처: 나사

안녕, 지구의 과학

회전하는 구체처럼 삶이라는 구체의 그 모든 곳에서 두 가지 힘이 작용한다면 그 두 힘은 서로를 향하여 끌어당기는 힘과 그 반대 방향으로 벗어나려는 힘일 것이다. 마치 빛과 그림자처럼 두 힘의 합력으로 돌고 돈다. 그 과정에서 사람도 사랑도 기쁨도 슬픔도 커졌다가 작아졌다 하며 오고 갈 것이다. 한쪽에 그리움이 있다면 그 반대쪽에도 그리움이 있다는 것을 회전하는 구체의 기조력이 말해주는 듯하다.

양성자와 전자의 회전

회전에 관한 다른 하나의 단상은 은하의 나선팔에 있는 양성자와 전자의 회전이다.

〈그림 24-2〉는 나사(NASA)에서 제공한 우리 은하의 모습이다. 우리 은하의 중심에서 태양은 약 2만6천 광년 떨어져 있다고 한다. 나사에서 제공한 그림 제목은 'Artist's impression of the Milky Way'라고 적혀 있다. 우리는 우리 은하 밖에서 우리 은하를 볼 수 없다. 당연히 저 사진은 지구에서 우리 은하의 모습을 다양한 각도로 찍어 합성한 것이다.

우리 은하는 허블의 은하 분류에 의하면 막대 나선 은하에 해당한다. 중심이 막대 모양이고, 나선팔을 가지고 있는 은하란 뜻이다. 나선팔은 지금도 새로운 별들이 탄생하는 역동성이 펼쳐지는 영역이다. 이런 나선팔을 어떻게 찾아서 우리 은하의 그림을 완성하였을까?

교과서는 이렇게 쓰고 있다.

> 우리 은하의 원반 부분에는 어둡게 보이는 구름이 많이 모여 있고, 이들 성운은 대부분 중성 수소 가스로 이루어져 있는데, 중성 수소 원자에서는 파장 21㎝의 전자기파가 방출된다. 이렇게 방출된 21㎝파를 전파 망원경으로 포착해 분석하면서, 수소 구름의 분포가 나선팔의 형태를 이루고 있음을 알게 되었다. 이러한 과정을 통해 우리 은하의 형태는 중심부와 그에 연결된 나선팔을 가지는 막대 나선 은하임이 밝혀졌다.

중성 수소 원자와 21㎝ 전자기파가 등장한다. 조금 어려울 수 있는 내용이지만 교과서는 이렇게 설명한다.

> 성운 주변에 온도가 높은 별이 가까이 있으면 성운의 주요 구성 물질인 중성 수소 원자는 별에서 방출되는 자외선을 흡수하여 완전히 이온화된다. 이처럼 성운 내부에서 전리된 수소가 모여 있는 곳을 HII 영역이라고 한다. HII 영역의 전리된 수소는 다시 자유 전자와 결합해 중성 수소로 되돌아가는데, 이때

..
● 중성 수소는 양성자 하나와 전자 하나를 가진 전기적으로 중성인 수소 원자이다. 일반적으로 HI이라고 불리며, 은하계 전체에 HI 구름으로 혹은 구름 간 가스의 일부로서 위치해 있다.

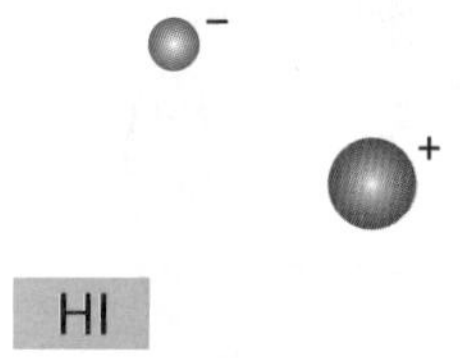

그림 24-3   중성수소원자

에너지 준위 차이만큼 에너지를 방출하게 된다.

중성 수소 원자가 에너지를 받으면 전리되어 들뜬 상태가 되고, 다시 원래 상태로 돌아가기 위해 에너지를 방출하는데, 이때 21㎝의 전자기파가 나온다. 이 21㎝ 전자기파가 나오는 영역을 관측하면 은하의 나선팔을 알 수 있다는 것이 핵심이다.

에너지를 흡수했을 때와 다시 그 에너지를 방출할 때의 중성 수소의 회전에 관한 그림(《그림 24-4》)과 교과서의 설명은 다음과 같다. 그림과 같이 수소 원자에서 전자는 양성자를 중심으로 공전하고, 양성자와 전자는 각각 자신의 축을 중심으로 자전(혹은 스핀(spin))한다. 이때 양성자와 전자의 자전 방향이 같은 경우 에너지 준위가 높고 반대인 경우 에너지 준위가 낮은데, 높은 에너지 상태에서 낮은 에너지 상태로 바뀌는 과정에서 21㎝ 전자기파가 방출된다.

자전 혹은 스핀에 대한 개념 정의는 깊이 있는 내용이라

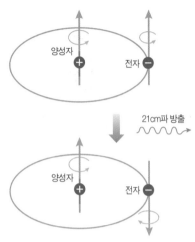

그림 24-4　수소 원자의 초미세 구조와 21cm 전파 방출 과정

넘어가고, 양성자와 전자의 회전 방향을 유심히 바라본다. 온도가 높은 별로부터 방출된 에너지를 받아 중성 수소 원자가 전리되어 들뜬 상태가 된다. 이때 양성자와 전자는 같은 방향으로 회전한다. 이를 자전 혹은 스핀이라 한다. 그리고 전리된 수소는 안정화되기 위해 다시 자유 전자와 결합해 중성 수소로 되돌아가는데, 이때는 에너지를 방출해야 한다. 들뜬 상태에서 다시 원래의 상태로 돌아가기 위해서 양성자와 전자의 자전 방향은 반대가 되어야 한다.

　눈으로는 볼 수 없는 원자의 세상과 인간 세상의 이치가 겹쳐진다. 모두가 같은 방향으로만 회전하면 그 에너지를 감당할 수 없게 가속화되고 안정적인 상태와는 멀어진다. 그래서 들뜬 상태에서 안정한 상태로 가기 위해서는 브레이크가

안녕, 지구의 과학

필요하다. 그 방법은 회전 방향을 달리해 감속하게 하는 것이다. 들뜬 상태를 제어하는 것에는 반대의 방향이 필요하다. 원자와 자연 세계 그리고 인간 세상의 이치가 크게 다르지 않음을 알게 된다.

25

거대한 네트워크

우주, 뉴런, 인간의 길, 숲, 예술작품

천문학 수업을 시작하기에 앞서 밤하늘에 대한 사유를 확장시키기 위해 허블 딥 필드와 허블 울트라 딥 필드 사진을 보여준다(〈그림 25-1〉 참조). 허블 딥 필드 혹은 허블 심우주라고도 하는 저 한 장의 사진

　　허블 딥 필드는 큰곰자리에 있는 100억 광년 이상 떨어진 은하들이 있는 작은 영역을 담고 있다. 허블 우주 망원경이 딥 필드 기법으로 포착하여 관측하였으며, 허블 딥 필드를 관측하기 위해 1995년 12월 18일 부터 1995년 12월 28일까지 사진을 300장 찍었다. 허블 딥 필드는 이 300장의 사진을 겹친 것이다. 우주를 가득 채우고 있는 저 하얗고 노랗고 붉은 형체들은 별처럼 보이지만 모두가 은하다! 우리 은하에는 태

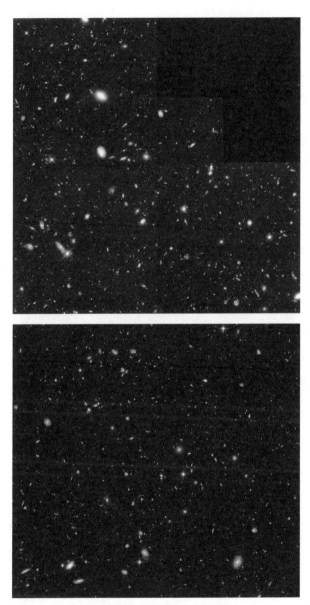

그림 25-1　　허블 딥 필드(위)와 허블 울트라 딥 필드(아래)

양과 같은 별이 적게는 1천억 개에서 많게는 4천억 개 정도 있는데, 허블망원경으로 찍은 저 은하들의 무리에는 얼마나 많은 별이 모여 있을지…. 놀라움 그 자체다.

더 나아가 허블 울트라 딥 필드까지 보여준다(〈그림 25-1〉 참조). 허블 우주 망원경이 2003년 9월 3일부터 2004년 1월 16일까지 남극 주변의 화로별자리 부분을 찍은 사진들을 조합한 것이다. 이 사진은 다양한 연령, 크기, 모양, 색을 가진 은하들을 담고 있다. 지금까지 찍은 어떤 가시광선 영상보다도 먼 곳을 포착하고 있으며, 대략 130억 년 전 우주가 탄생한 후 얼마 되지 않아 태어난 천체들을 담고 있다. 사진 안의 붉고 작은 100여 개의 은하들은 광학 망원경으로 촬영된 은하들 중 가장 멀리 떨어진 존재들로, 이들의 나이는 우주가 태어난 시각과 8억 년밖에 차이가 나지 않는다. 우주 망원경을 비롯한 관측 기술의 발달은 우주로 향하는 우리의 시야와 생각을 훨씬 넓고 깊게 해주었다.

우주의 거대 구조
그리고 뉴런

교과서 천문학의 마지막은 우주의 거대 구조를 밝히는 것으로 마무리된다. 딥필드의 은하들 모임보다 더 큰 스케일의 우주의 거대 구조를 밝히는 것은 과거

안녕, 지구의 과학

와 현재를 알면서도 앞으로의 우주 거대 구조가 어떻게 될 것인지를 예측할 수 있기 때문이다.

우주 거대 구조 그림을 자세히 본다(《그림 25-2》). 뭉쳤다가 얇게 뻗어 나가고 또 뭉친 부분으로 이어지고 있는데, 그 사이는 비었다. 어디서 많이 본 듯한 그림이다.

천문학자은 거대한 규모로 은하들이 모여 이룬 이 구조를 만리장성에 빗대어 은하 장성(Great Wall)이라고 한다. 그 사이에 은하가 발견되지 않아 거의 텅 비어 있는 듯한 광활한 공간은 거대 공동(void)이라 한다. 어떻게 보면 거품처럼 보이고, 어떻게 보면 촘촘하고 둥근 그물망 같기도 하다. 중요한 것은 은하들은 서로 멀리 떨어져 있지만, 아주 멀리서 바라보면 서로 끈으로 이어져 있는 것처럼 보인다는 점이다. 이와 비슷한 패턴의 그림이 떠오른다. 뉴런이다(《그림 25-3》).

중학교 때 자극과 반응 단원을 공부하면 빠지지 않고 등장하는 신경계. 신경계는 신경 세포인 뉴런으로 이루어져 있다. 특히 인간의 뇌는 뉴런으로 알려진 800억에서 1000억 개의 신경세포로 연결되어 있다. 각각의 뉴런은 1,000개 이상의 다른 뉴런과 연결되어 있고, 뇌의 총 연결 개수는 약 60조 개나 된다고 한다! 뉴런들은 뇌 안에서 패턴과 네트워크로 조직되어 놀라운 속도로 서로 소통한다.

우주 거대 구조와 뉴런의 구조가 흡사할 정도로 닮아 있다는 것은 나만의 생각일까? 뉴런은 신경세포체를 중심으로

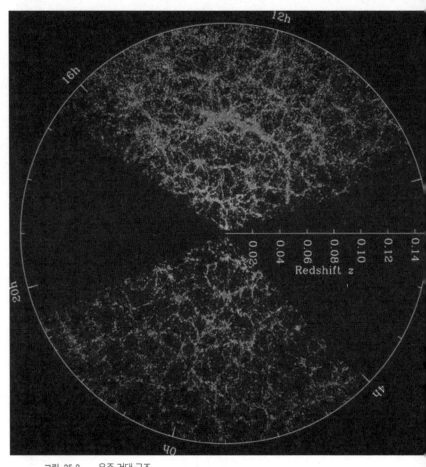

그림 25-2   우주 거대 구조

안녕, 지구의 과학

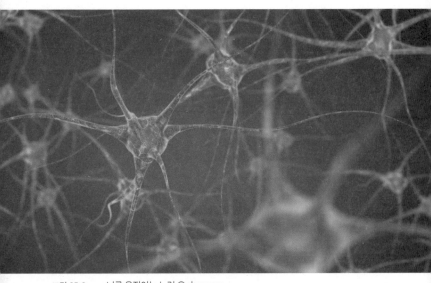

그림 25-3   뇌를 움직이는 뉴런 ⓒ dana.org

가지 돌기를 통해 다른 뉴런이나 감각 기관에서 전달된 자극을 받아들이고, 축삭 돌기를 통해 다른 뉴런이나 기관 등으로 자극을 전달한다. 뉴런의 네트워크인 것이다. 뉴런의 네트워크 모양은 우주 거대 구조의 은하 장성과 거대 공동 모습과 흡사해 보인다.

이런 생각을 하다 보니 '은하와 은하도 뉴런처럼 네트워크로 연결되어 있지는 않을까?'라는 의문이 떠오른다.

이암, 도시,
숲길

다시 우주 거대 구조로 돌아와 이와 비슷한 형태의 구조를 퇴적암인 이암에서도 우연히 찾게 된다.

저렇게 작고 작은 진흙이 쌓이고 쌓여 형성된 이암을 편광 현미경으로 관찰하니 우주를 품고 있는 모습을 보여준다! 놀랍다. 우주는 사람의 뉴런 속에서도 그리고 자연 물질의 암

그림 25-4   이암을 편광 현미경으로 관찰한 모습

안녕, 지구의 과학

석에도 닮은 모양으로 스며 있다.

그렇다면 인간과 자연의 길에 우주 거대 구조와 같은 모습이 있지도 않을까?

눈을 감고 하늘에서 내려다본 모습을 상상해 그려본다.

도시의 밤거리에 가로등이 일정한 간격으로 켜져 있고, 인도 위를 많은 사람이 오고 가며 동선이 겹치기도 하고 일방통행으로 가기도 한다. 그들의 이동 경로를 하얀색으로 표시를 하면 이동 경로가 겹치는 부분은 밝은 색이 더욱 진해진다. 그리고 사람들이 가지 않는 강이나 공터는 어둡게 남아 있다. 사람들의 이동 경로를 머릿속 그림으로 그려보면 뉴런이나 우주 거대 구조의 그림이 나오지 않을까? 실제 이런 작업을 스위스 베른응용과학대 연구팀이 취리히 시민들의 이동 경로를 시각화해 취리히 지도 위에 나타내기도 했다. 이런 연구는 시민들이 주로 이용하는 시설을 파악하고 공간을 활용하는 방안 등에 활용되었다고 한다.

사람이 지나는 길이 곧 뉴런 같고 우주 거대 구조 같다. 연결과 이동의 네트워크는 여기에도 있다. 우리가 가는 길 하나 하나는 독립적이지만 흐르는 시간 속에서 연결되어 있는 것이다.

"눈 덮인 들판을 걸어갈 때 이리저리 함부로 걷지 마라. 오늘 내가 걸어간 발자국은 뒷사람의 이정표가 되리니." 서산 대사의 선시 〈답설야(踏雪野)〉이다. 대한민국의 독립을 위해 헌

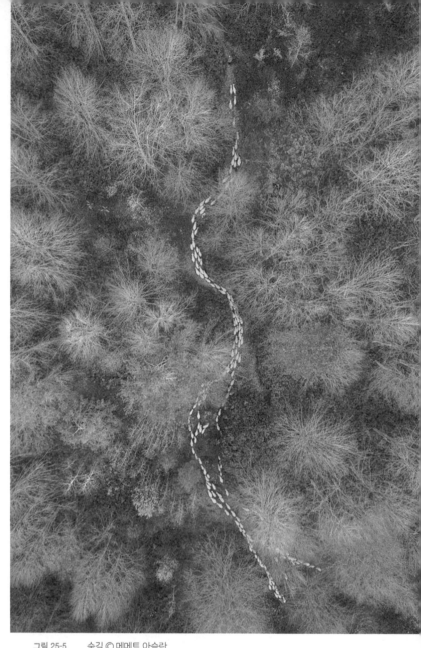

그림 25-5 숲길 ⓒ 메메트 아슬란

안녕, 지구의 과학

신한 백범 김구 선생님이 공주 마곡사에서 은신하던 중 접했다는 선시로, 어려운 결단을 할 때마다 이 시구를 마음에 되새겼다 한다.

사람의 길이 이어져 네트워크가 된다. 그리고 나무가 만드는 숲길도 우주 거대 모습을 보여줄 때가 있다.

역시 눈을 감고 하늘 위에서 바라보는 모습을 상상해보자.

초겨울, 단풍이 물든 나무와 하얀 자작나무 혹은 눈에 쌓인 나뭇가지와 사람의 길을 하늘에서 찍은 모습을 그려보자. 겨울나무가 모여 겨울 숲을 이루고 그 숲길로 생명체가 지난다. 길이 연결되어 우주 거대 구조 네트워크가 되는 장면이다. 세상 그 어디서나 우주 거대 구조와 같은 닮은꼴을 찾을 수 있다. 그 닮은꼴의 핵심은 흐르는 길이고 네트워크임을 알겠다.

그래서인가? 예술 작품에서도 우주 거대 구조를 본다(〈그림 25-6〉). 마치 뉴런 같기도 하고, 우주 거대 구조 같기도 한 설치 예술 작품이다. 의자는 각자 만유의 존재. 종이 실은 그 모든 것으로 이어진 연결고리. 그리고 그 안에 있는 한 생명체….

내일모레면 추석 명절이었다. 이 작품을 보며 든 생각. 가족도 각자를 중심으로 이어진 일종의 뉴런이지 않을까? 소중한 존재들이 실로 이어져 있고 연결되어 인생을 만들어간다.

우주의 거대 구조를 보며 인간의 뉴런 체계를 떠올리고, 자연 세계의 물질인 이암에서도 우주 거대 구조를 발견한다. 더 나아가 인간의 길에서도, 자연의 숲길에서도 우주 거대 구

그림 25-6   시오타 치하루의 작품 〈Between Us〉 ⓒ소영무

조의 네트워크와 흐름의 길이 겹친다. 그래서 세상은 하나하나가 떨어져 있는 듯해도 조금 멀리서 바라보면 서로 손 잡고 이어지고 흐르는 하나의 네트워크 공동체라는 생각을 한다. 우주와 인간 그리고 길은 거대하고 깊은 네트워크로 이어져 있으니까.

맺음말

어렸을 적부터 자연과 인간의 시를 좋아했다. 외우기 쉬운 짧은 시어들 속에서 행간의 여백을 내 멋과 맛대로 채워나갈 수 있어서였다.

많고 많은 시 중에서 몇 개의 짧은 시구(詩句)를 마음속에 안고 살아간다. 그중 하나는 "사람들 사이에 섬이 있다. 그 섬에 가고 싶다"이다. 바다가 보이는 남도의 학교에서 밤늦게까지 대입을 준비했던 나는 수업 도중 창밖을 바라보는 버릇이 있었다. 산 중턱에 있는 학교 창밖으로 내려다보이는 남쪽 바다는 섬으로 가득했다. 저 섬 너머에는 무엇이 있을까 궁금했다. 태어나서 학교 다니기 전까지 살았던 지리산 자락에서 산을 바라보면 저 산 너머의 세상이 궁금했듯이.

안녕, 지구의 과학

지구의 과학이라는 테마로 이야기를 풀어갔다. 교과서의 익숙한 그림과 글을 자주 들여다보고 있으면 새롭게 보이는 것들이 있다. 마치 길 위에서 매일 만나는 나무를 보고만 지나치다가 어느 날 문득 '안녕?'이라며 반갑게 인사하다 보니 나중에는 나무가 바람에 나부끼는 소리와 함께 나에게 건네는 이야기를 들을 수도 있었던 것처럼.

이 책에 쓴 이야기들은 아마 길 위의 나무만큼이나 익숙한 지구의 과학을 조금은 새롭게 또 조금은 다른 각도에서 바라보려 시도하면서 풀어놓은 것들이라 할 수 있다. 그리고 이 지구의 과학 이야기가 향하는 곳은 자연과 인간 세상이 소통하는 길이었으면 하는 바람이다. 언제나 그렇듯 그 길로 다시 나선다.

안녕, 지구의 과학

2023년 4월 22일 1판 1쇄 발행
2023년 9월 29일 1판 2쇄 발행

지은이   소영무
펴낸이   박래선
펴낸곳   에이도스출판사
출판신고   제395-251002011000004호
주소   경기도 고양시 덕양구 삼원로 83, 광양프런티어밸리 1209호
팩스   0303-3444-4479
이메일   eidospub.co@gmail.com
페이스북   facebook.com/eidospublishing
인스타그램   instagram.com/eidos_book
블로그   https://eidospub.blog.me/
표지 디자인   공중정원
본문 디자인   김경주

ISBN 979-11-85415-54-3   03450